霜霉豆

霜霉病叶背面

霜霉病霉层

霜霉病叶表危害状

大豆根腐病

根腐病田间整体危害状

大豆紫斑病

大豆菌核病

2

大豆疫病

大豆灰星病

大豆叶斑病

大豆病毒病

3

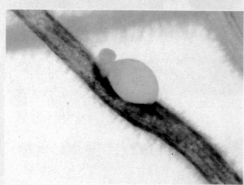

大豆胞囊线虫

大豆胞囊线虫田间为害状

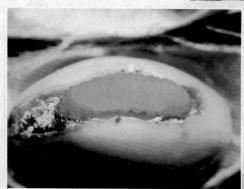

大豆食心虫

大豆蚜虫

4

大豆病虫草害防治技术

主　编

段玉玺

副主编

陈立杰　王媛媛　王洪平　薛春生

编者（以姓氏笔画为序）

于佰双　马秋娟　王　惠　丛东日

刘　霆　朱晓峰　闫超杰　吴海燕

李永峰　李宝柱　李进荣　邱　弛

肖淑芹　侯　浩　赵云和　颜秀娟

金盾出版社

内 容 提 要

本书由沈阳农业大学段玉玺教授主编。书中较系统地介绍了我国大豆病虫草害的综合防治技术,内容包括大豆病虫草害防治知识、主要病害及其防治、主要害虫及其防治以及大豆田主要杂草及其防除。内容丰富,简明易懂,适合广大农户、农业技术人员以及农业院校有关专业师生阅读参考。

图书在版编目(CIP)数据

大豆病虫草害防治技术/段玉玺主编. —北京:金盾出版社,2005.11
ISBN 978-7-5082-3771-8

Ⅰ. 大… Ⅱ. 段… Ⅲ.①大豆-病虫害防治方法②大豆-除草 Ⅳ.①S435.651②S45

中国版本图书馆 CIP 数据核字(2005)第 107463 号

金盾出版社出版、总发行
北京太平路 5 号(地铁万寿路站往南)
邮政编码:100036 电话:68214039 83219215
传真:68276683 网址:www.jdcbs.cn
彩色印刷:北京印刷一厂
黑白印刷:京南印刷厂
装订:桃园装订厂
各地新华书店经销
开本:787×1092 1/32 印张:4.875 彩页:4 字数:105 千字
2009 年 6 月第 1 版第 3 次印刷
印数:19001—29000 册 定价:7.00 元

目　　录

第一章 大豆病虫草害发生概况

我国是大豆的原产国,按史料记载已有 5 000 多年的大豆栽培历史,是我国最古老的栽培作物之一。过去我国大豆总产量一直保持世界第一的位置。在第二次世界大战结束以后,世界的大豆生产飞速发展,至 2001 年世界大豆种植面积已达 7 505 万公顷(11.26 亿亩),世界大豆平均单产为 2 290 千克/公顷(亩产量 152.5 千克),而我国大豆的平均单产为 1 720 千克/公顷(每亩产量 114.6 千克)。我国目前年产大豆在 1 700 万吨左右,在世界上总产量低于美国、巴西和阿根廷,位居第四。每年我国需要进口大豆在 1 500 万吨以上。

在大豆生产上病虫草害是限制大豆生产发展的重要因素。由于我国栽培大豆的历史悠久,各种大豆病虫草害发生的种类非常复杂。世界报道大豆的病虫害种类有 200 多种,白金铠等在《中国大豆病虫图志》中记载病害 33 种,害虫 77 种。其中大豆胞囊线虫病(火龙秧子)、大豆根腐病,大豆食心虫、大豆食叶性害虫和各种大豆田杂草在我国北方大豆产区发生普遍。我国南方地区大豆锈病、食叶性害虫发生严重。近年在黑龙江等地发生大豆疫霉根腐病,严重影响大豆生产。

大豆田除锄草一直是规模生产的限制因素,特别是在黑龙江垦区的农场,利用除草剂进行化学除草是国内外控制大豆草害的有效方法。在 20 世纪末美国开发出抗广谱除草剂草甘膦的转基因大豆,这种大豆品种迅速在北美洲和南美洲推广使用,由于对转基因产品的安全性问题的担忧,欧洲等国均制定了转基因产品限制推广使用的相应措施。我国目前尚未允许推广种植这种转基因大豆。

第二章 大豆病虫草害综合防治技术

大豆病虫草害的防治,要采用"预防为主、综合防治"的植保方针。这种综合防治策略思想,是从生态系统总体观点出发,把病虫草害作为农田生态中的一个重要组成部分,进行综合治理,并根据大豆整个生育期的主要病虫草害发生情况进行综合防治技术组装,采用农业栽培防治技术,充分发挥良种的功能与药剂拌种预防和防治病虫草害的作用,经济安全有效地搞好田间药剂防治,做到病虫草兼治、主次兼顾,将大豆病虫草害造成的损失控制在经济允许水平以下,保证高产、优质、高效益的大豆生产。

第一节 大豆病害的综合防治

病害防治就是通过人为干预,改变植物、病原物与环境的相互关系,减少病原物数量,削弱其致病性,保持与提高植物的抗病性,优化生态环境,以达到控制病害的目的,从而减少作物因病害流行而蒙受的损害。防治病害的途径很多,按照其作用原理,通常分为回避、杜绝、铲除、保护、抵抗和治疗。每个防治途径又发展出许多防治方法和防治技术,分属于植物检疫、农业防治、抗病性利用、生物防治、物理防治和药物防治等不同领域。

一、植物检疫

植物检疫又称为法规防治,其目的是利用立法和行政措施,防止有害生物的人为传播。植物检疫的基本属性是其强制性和预防性。

植物病原物和其他有害生物除自然传播途径外,还可随着人类的生产和贸易活动而传播,这称为人为传播。人为传播主要载体是被有害生物侵染或污染的种子、苗木、农产品及其包装材料和运输工具等。其中人类引种和调种的范围广、种类多、数量大,传带有害生物的概率高。种子、苗木传播与其他传播方式,例如气流传播、昆虫媒介传播和土壤传播等互相结合和衔接,危险性更大。有些种子病原细菌、霜霉菌的带菌率低至 $0.001\% \sim 0.01\%$,就足以在一个生长季内酿成病害流行。因此,种子、苗木检疫具有特殊重要性。

在植物病原物和其他有害生物中,只有那些有可能通过人为传播途径侵入未发生地区的种类才具有检疫意义。人为传播的有害生物很多,还必须通过科学分析,确定检疫的重点。那些在国内尚未发生或仅局部地区发生,传入概率较高,适生性较强,对农业生产和环境有严重威胁,一旦传入可能造成重大危害的有害生物,在检疫法中规定为检疫性有害生物,是检疫的主要目标。世界各国检疫政策不同,确定检疫性有害生物的种类也有所不同。我国国内对植物检疫提出了一套检疫性有害生物名单,实行针对性检疫。我国进出境检疫由国务院设立的国家动植物检疫机构统一管理,在对外开放的口岸和进出境检疫业务集中的地点设立口岸动植物检疫站实施检疫。进出境动植物检疫的宗旨是防止动物传染病、寄生虫病和植物危险性杂草以及其他有害生物传入、传出国境,保护农、林、牧、副、渔业生产和人体健康,促进对外经济贸易的发展,其主要法律依据是《中华人民共和国进出境动植物检疫法》。

二、农业防治

农业防治又称环境管理,其目的是在全面分析寄主植物、病原物和环境因素三者相互关系的基础上,运用各种农业调控措施,压低病原物数量,提高植物抗病性,创造有利于植物生长发育而不利于病害发生的环境条件。农业防治措施大都是农田管理的基本措施,可与常规栽培管理结合进行,不需要特殊设施。但是,农业防治方法往往有地域局限性,单独使用有时收效较慢,效果较低。

(一)使用无病繁殖材料

生产和使用无病种子、苗木、种薯以及其他繁殖材料,可以有效地防止病害传播和压低初侵染源数量。为确保无病种苗生产,必须建立无病种子繁育制度和无病毒母本树培育制度。种子生产基地需设在无病或轻病地区,并采取严格的防病和检验措施。种子田应与生产田隔离,以减少传毒蚜虫造成的危害。

商品种子应实行种子健康检验,确保种子的健康水平。带病种子需行种子处理。通常用机械筛选、风选或用盐水、泥水漂选等方法汰除种子间混杂的菌核、菌瘿、粒线虫虫瘿、病株物残体以及病秕籽粒。对于表面和内部带菌的种子则需实行热力消毒或杀菌剂处理。

(二)建立合理的种植制度

合理的种植制度有多方面的防病作用,它既可以调节农田生态环境,改善土壤肥力和物理性状,从而有利于作物生长发育和有益微生物繁衍,又可以减少病原物存活,中断病害循环。

轮作是一项古老的防病措施。实行合理的轮作制度,病原物因缺乏寄主而迅速消亡,适于防治土壤传播的病害。防治小麦全蚀病,可用非寄主植物轮作 2~3 年。用葫芦科以外的作物轮作 3 年,能有效地防治瓜类镰刀菌枯萎病和炭疽病。实行水旱轮作,旱田改水田后病原菌在水淹条件下很快死亡,可以缩短轮作周期。防治茄子黄萎病和十字花科蔬菜菌核病需 5~6 年轮作,改种水稻后只需 1 年轮作。

各地作物种类和自然条件不同,种植形式和耕作方式也非常复杂,诸如轮作、间作、套种、土地休闲和少耕免耕等具体措施对病害的影响也不一致。例如,在北方冬麦区实行小麦行间套种玉米、棉花后,土地不翻耕,杂草丛生,有利于传毒昆虫灰飞虱繁殖滋生,小麦丛矮病毒逐年加重。同样麦田套种的玉米粗缩病重,麦垄点播的玉米和冬小麦收割后带茬播种的玉米病轻,这是因为套种玉米幼苗感病阶段恰与灰飞虱第一代成虫传毒盛期相遇。在陕西关中,线辣椒单种病毒病害严重发生,但若辣椒双株定植,四行辣椒间作一行玉米,在高温季节玉米为辣椒遮光降温,减少了病害发生。在陇南和陇东小麦条锈病菌越夏地区,提倡冬小麦收获后复种谷、糜,休闲地必须深耕,这是因为在原茬休闲地,由遗落的麦粒长出大量自生麦苗,成为条锈菌的越夏寄主。

各地必须根据当地具体条件,兼顾丰产和防病的需要,建立合理的种植制度。

(三)保持田园卫生

田园卫生措施包括清除收获后遗留在田间的病株残体，生长期拔除病株与铲除发病中心，使用厩肥以及清洗消毒农机具、工具、架材、农膜、仓库等。这些措施都可以逐渐减少病原物接种体数量。

作物收获后彻底清除田间病株残体，集中深埋或烧毁，能有效地减少越冬或越夏菌源数量。这一措施对于多年生作物尤为重要。果树落叶后，应及时清园。在冬季修剪时，还要剪除病枝，摘除病僵果，刮除病灶。露地和保护地栽培的蔬菜，多茬种植，菌源接续关系复杂，当茬蔬菜收获后应在下茬播种前清除病残体。病虫严重发生的多年生牧草草场，往往采用焚烧的办法消灭地面病残株。此外，还应禁止使用植物病残体沤肥、堆肥，有机肥应在充分腐熟后才能使用。

多种植物病毒及其传毒昆虫媒介在野生寄主上越冬或越夏，铲除田间杂草可减少毒源。有些锈菌的转主寄主在病害循环中起重要作用，也应当清除。

深耕深翻可将土壤表层的病原物休眠体和带菌植物残屑掩埋到土层深处，是重要的田园卫生措施。水稻栽秧前，捞除漂浮在水面上的菌核，对减轻纹枯病的发生也有一定的作用。

拔除田间病株，摘除病叶和消灭发病中心，能阻止或延缓病害流行。早期彻底拔除病株是防治玉米和高粱丝黑穗病、谷子白发病等许多病害的有效措施。对于以当地菌源为主的气传病害，例如马铃薯晚疫病、黄瓜疫病、番茄溃疡病、麦类条锈等，一旦发现中心病株就要立即人工铲除或喷药封锁。对于小麦全蚀病、棉花黄萎病等土传病害，在零星发病阶段，也应挖除病株,病穴用药剂消毒,以防治病害扩展蔓延。摘除病株底部老叶,已用于防治油菜和蔬菜菌核病。

(四)加强栽培管理

改进栽培技术、合理调节环境因素、改善立地条件、调整播期、优化水肥管理都是重要的农业防治措施。

合理调节温度、湿度、光照和气体组成等要素,创造不适于病原菌侵染和发病的生态条件。播种期、播种深度和种植密度不适宜都可能诱发病害。田间过度密植,通风透光差,湿度高,有利于叶病和茎基部病害发生,而且密植田块易发生脱肥和倒伏而加重病情。为了减轻病害发生,提倡合理调节播种期和播种深度,合理密植。

水肥管理与病害消长关系密切,必须提倡合理施肥和灌水。合理施肥就要因地制宜地科学确定肥料的种类、数量、施肥方法和时期。在肥料种类方面,应该注意氮、磷、钾配合使用,平衡施肥。同时微肥对防治某些特定病害有明显的效果。施肥时期与病害发生也有密切关系。

灌水不当,田间湿度过高,往往是多种病害发生的重要诱因。在地下水位高、排水不良、灌溉不当的田块,田间湿度高,结露时间长,有利于病原真菌、细菌的繁殖和侵染,多种根病、叶部病害发生严重。旱地应做好排水防渍,排灌结合,避免大水漫灌,提倡滴灌、喷灌和脉冲灌溉。

应该指出,水肥管理需要结合进行,在整个作物生育期全面发挥水肥的调控作用。

三、植物抗病品种的利用

选育和利用抗病品种是防治植物病害最经济、最有效的途径。人类利用抗病品种控制了大范围流行的毁灭性病害。对许多难以运用农业措施和农药措施防治的病害，特别是土壤病害、病毒病害，选育和利用抗病品种几乎是惟一可行的防治途径。

抗病育种可以与常规育种结合进行，一般不需要额外的投入。抗病品种的防病效能很高，一旦推广使用了抗病品种，就可以代替或减少杀菌剂的使用，大量节省田间防治费用。因此，使用抗病品种不仅有较高的经济效益，而且可以避免或减轻因使用农药而造成的残毒和环境污染问题。

合理使用抗病品种的主要目的是充分发挥其抗病性的遗传潜能，防止品种退化，推迟抗病性丧失现象的发生，延长抗病品种的使用年限。

抗病品种在推广使用过程中因机械混杂、天然杂交、突变以及遗传分离诸多原因会出现感病植株，多年积累后可能导致品种退化。因而必须加强良种繁育制度，保持种子纯度。在抗病品种群体中及时拔除杂株、劣株和病株，选留优良抗病单株，搞好品种提纯复壮。

当前所应用的抗病品种多数仅具有小种转化抗病性，推广应用后，就可能使病原菌群体中能够侵染该抗病品种的毒性菌株得以保存和发展起来，成为稀有小种。抗病品种推广的面积越大，这些稀有小种积累的速度也越快，逐渐在病原菌群体中占据数量优势，成为优势小种，此时抗病品种就逐渐丧失抗病性，成为感病品种。这种抗病性"丧失"现象，是抗病品种应用中最重要的问题。除少数品种抗病性可维持较长时间外，一般应用 5 年左右就会丧失其抗病性，不得不被淘汰。

为了克服或延缓品种抗病性的丧失，延长品种使用年限，除了在育种时尽量应用多种类型的抗病性和使用抗病基因不同的优良抗源，改变抗病性遗传基础贫乏而单一的局面以外，最重要的是搞好抗病品种的合理布局，在病害的不同流行区域取用不同抗病基因的品种，在同一个流行区内也要搭配使用多个抗病品种。此外，有计划地轮换使用具有不同抗病基因的抗病品种，选育和应用具有多个不同主效基因的聚合品种或多系品种等也是可行的措施。

四、生 物 防 治

生物防治是指利用有益微生物防治植物病害的各种措施。迄今所利用的主要是有益微生物，有益微生物亦称拮抗微生物或生防菌。生物防治措施通过调节植物的微生物环境来减少病原物接种体数量，降低病原物致病性和抑制病害的发生。有些有益的微生物已被制成多种类型的生防制剂，大量生产和应用。生物防治主要用于防治土传病害，也用于防治叶部病害和收获后病害。由于生物防治效果不够稳定，适用范围较狭窄，生防菌地理适应性较低，生防制剂的生产、运输、贮存又要求较严格的条件，其防治效益低于药物防治，现在还主要用作辅助防治措施。

有益微生物可能同时具有多种生防机制，必须全面分析和利用，从而达到最佳的防治效果。

五、物理防治

物理防治主要是利用热力、冷冻、干燥、电磁波、超声波、核辐射、激光等手段抑制、钝化或杀死病原物,达到防治病害的目的。各种物理防治方法多用于处理种子、苗木及其他植物繁殖材料和土壤。

六、药物防治

药物防治法是使用农药防治植物病害的方法。农药具有高效、速效、使用方便、经济效益高等优点,但使用不当可对植物产生药害,或引起人、畜中毒,杀伤有益微生物,导致病原物产生抗药性。农药的高残留还可以造成环境污染。当前药物防治是防治植物病害的关键措施,在面临病害大发生的紧急时刻,甚至是惟一有效的措施。

杀菌剂对真菌或细菌有抑菌、杀菌或钝化其有毒代谢产物等作用。

按照杀菌剂防治病害的作用方式,可区分为保护性、治疗性和铲除性杀菌剂。保护性杀菌剂在病原菌侵入前施用,可保护植物,阻止病原菌侵入;治疗性杀菌剂能进入植物组织内部,抑制或杀死已经侵入的病原菌,使植物病情减轻或恢复健康;铲除性杀菌剂对病原菌有强烈的杀伤作用,可通过直接触杀、熏蒸或渗透植物表皮而发挥作用。铲除剂能引起严重的植物药害,常于休眠期使用。

提倡合理混用农药,做到 1 次施药,兼治多种病虫对象,以减少用药次数,降低防治费用。要保证用药质量,施药作业人员应先行培训,使其熟练掌握配药、施药和药械使用技术。喷雾法施药力求均匀周到,液滴直径和单位面积着落药滴数目符合规定。施药效果与天气也有密切关系,宜选择无风或微风天气喷药,一般应在午后和傍晚喷药。若气温低影响效果,也可在中午前后施药。

长期连续使用单一种类的杀菌剂会导致病原菌产生抗药性,降低防治效果。有时对某种杀菌剂产生抗药性的病原菌,对未曾接触过的其他杀菌剂也有抗药性,这称为交互抗药性,化学结构与作用机制相似的化合物间,往往会有交互抗药性。为延缓抗药性的产生,应轮换使用或混合使用病原菌不易产生交互抗药性的杀菌剂,还要尽量减少施药次数,降低用药量。

第二节　大豆害虫的综合防治

大豆害虫的防治方法,按其作用原理和应用技术可分为4类:农业防治法、药物防治法、生物防治法和物理机械防治法。这些防治方法各有其特点,有的偏重于恶化害虫生态环境,促进农作物的抗虫性能;有的是利用昆虫与生物间的矛盾;有的是直接杀灭害虫。实践证明,单独使用任何一类防治方法,都不能全面有效地解决虫害问题。总结了多年来防治害虫的经验,确定"预防为主、综合防治"作为我国植物保护工作的方针,是完全合理而正确的。现将各种防治方法简要介绍于下。

一、农业防治法

(一)耕作制度与害虫防治

随着农业生产的迅速发展,复种指数不断提高,给某些害虫提供了丰富的食料和有利的繁殖场所。因此,某些害虫有严重发展的趋势。在同一块土地上连年种植大豆,不仅破坏土壤结构,肥力衰退,不利于大豆生长,而且为害虫提供了大量的食物和较稳定的生存条件,有利于害虫的猖獗发生。

合理的耕作制度可以人为控制害虫的发生。如合理轮作倒茬,既对大豆生长有利,增强抗虫能力,同时对于食性单一和活动能力不强的害虫,具有抑制其发生的作用,甚至达到直接消灭的目的。多食性害虫,也由于轮作地区的小气候,耕作方式的改变和前、后作种类的差异而受到一定的抑制,从而减轻其发生程度。

利用间作套种应注意大豆与其他作物的搭配,如搭配不合适,往往引起某些虫害的发生。大豆套种玉米更应注意红蜘蛛的为害。这是当前农业生产上遇到和需要及时解决的问题。

(二)抗虫育种的利用

作物的不同品种对于害虫的受害程度也不同,表现出不同品种作物的抗虫性。利用抗虫品种防治害虫,是最经济而具实效的方法。

作物不同品种的抗虫性一般表现为 3 种情况。

1. 不选择性 对害虫的取食、产卵和隐蔽等,没有吸引的能力。

2. 抗生性　昆虫取食后,其繁殖力受到抵制,体形变小,体重减轻,寿命缩短,发育不良和死亡率增加等。

3. 耐害性　害虫取食后能正常地生存和繁殖,植物本身具有很强的增殖和补偿能力,最终受害很轻。

目前世界各国在抗虫育种方面已取得一定的成就。大豆方面,在我国东北大豆产区,推广的抗食心虫品种有铁丰四号、吉林一号、吉林三号、吉林六号、群选一号、铁甲四粒黄等。在促进大豆生产上起了很大作用。

(三)合理施肥与害虫防治

合理施肥是大豆获得高产的有力措施,同时在害虫防治上起着多方面的作用:能改善大豆的营养条件,提高抗虫能力;增加作物总体积,减轻损失的程度,促进作物正常生长发育,加速虫伤的愈合;改良土壤性状,恶化土壤中害虫的生活条件;直接杀死害虫等。总之,合理施肥,重视氮、磷、钾的配合,在减轻害虫为害方面,具有重要的意义。

(四)合理密植与害虫防治

合理密植,适当地增加单位面积株数,充分利用空间,扩大绿色面积,更好地利用光能、肥力和水分等,是达到高产稳产的一项重要农业增产措施。

合理的密植,由于单株营养面积适当,通风透光正常,生长发育良好、壮健,一般来说,可以大大提高作物对害虫的耐害性,能促进增产。但过度密植,提早封行,也给药剂治虫带来困难,如果倒伏,困难更大。

(五)深耕改土与害虫防治

土壤是作物借以生长的基础,适当的深耕翻土和改良土壤,对增产起着一定的作用。由于大多数的害虫在生长发育过程中,与土壤或多或少有一定的联系,因此深耕翻土和改良土壤不但有利于作物的生长,提高产量,同时也起着消灭害虫的作用。

如蝼蛄在土壤中取食、生长和繁殖,整个生育过程都与土壤有关;蛴螬、地老虎、金针虫的幼虫也都在土壤中生活为害。蟋蟀、蛞蝓、蜗牛等其卵都产在土中。许多害虫,都在土壤中度过它们的越冬阶段。对于这些害虫,改变土壤环境条件,都会影响其生长、发育与生存。

翻耕土壤,还可以将原来在地下的害虫翻至土壤表面,由于光、湿等物理因素和鸟、蛙、捕食昆虫等生物因素的关系,促使害虫大量死亡;若将害虫翻入土层深处,使害虫不能从土壤中羽化出来;把杂草翻入土中,使害虫失去食料而大量死亡;深耕还可使害虫遭到农具的杀伤,或破坏其巢穴和蛹室而增加死亡率。

(六)兴修水利、开垦荒地与害虫防治

兴修水利,开垦荒地能使自然环境发生很大的变化,从而达到治虫的目的。进行水利工程建设,开垦荒地,消灭杂草,种植作物,营造林带后,完全改变了自然环境,生物群落发生巨变,从而根本上消灭了部分害虫的发生条件。

(七)田间管理与害虫防治

田间管理是各项增产措施的综合运用,在整个生产过程

中,围绕"高产多收"的目的,进行一系列的田间管理,在害虫防治上,也具有重大意义。

1. 精选良种　在种子播种前,及时清除混杂的杂草种子和带虫种子,选用饱满、均匀、无病虫的优良种子下种,既可保证全苗、壮苗,提前发芽,生长整齐,发育迅速,还可减轻后期害虫的为害和减少害虫中间寄主杂草。同时也可以消灭隐藏在种子中的部分害虫。

2. 及时培土　及时培土可以加固大豆根系,防止倒伏,避免引起某些害虫的发生。

3. 适时灌溉排水　灌溉与排水可以迅速改变田间环境条件,对于若干害虫常可获得显著防治的作用。

4. 及时中耕除草　在作物生长期间进行适时的中耕,对于某些害虫也可以起辅助的防治作用。例如掌握害虫产卵或化蛹盛期进行,可以消灭害虫产于土壤中的卵堆,或消灭地老虎和其他害虫的蛹。

杂草是害虫为害大豆的过渡桥梁,许多害虫在它生活中的某一时期,特别是农作物在播种前和收获后是在杂草上生活的,以后才迁移到作物上为害。因此,杂草便成为害虫良好的食料供应站。

5. 清洁田园　作物的遗株、枯条、落叶、落果等残余物中,往往潜藏着很多害虫,在冬季常为某些害虫的越冬场所,因此,经常地保持田园清洁,特别是作物收获以后及时地收拾田间的残枝落叶是十分必要的。

二、药物防治法

利用化学农药杀虫剂杀灭害虫的方法称为药物防治法。

应用药物防治害虫,具有效果好,收效快,方法简便等特点。同时它受环境条件的影响比较小,适应范围较广,使用方法灵活多样,容易被群众接受。但也会发生药害和提高害虫的抗药性,使用不当还会引起人、畜中毒和环境污染。

我国应用化学农药防治害虫,历史悠久。在农业害虫防治方面常用的农药有:无机杀虫剂、植物杀虫剂、有机杀虫剂、熏蒸杀虫剂、杀螨剂和化学不育剂。

(一)无机杀虫剂

一般药效较低,杀虫作用只有胃毒作用,防治范围狭窄,多数又对植物较不安全,因而近年来已被人工合成的有机杀虫剂所代替。

(二)植物性杀虫剂

是利用植物中含有杀虫成分的部分,将其磨成细粉,或浸出液、或提取其有效成分而制成的。我国广大农村,有利用植物杀虫剂杀虫的历史传统,种类繁多,如烟草、烟碱、除虫菊和鱼藤等。

(三)有机杀虫剂

利用有机化合物作杀虫的药剂称为有机杀虫剂。目前广泛使用的主要有:有机磷、氨基甲酸酯、拟除虫菊酯及其他(主要含杂环)四大类。它们占了全部杀虫剂市场的 80% 以上,尤其是前两者更是高达 1/3。有机磷杀虫剂有如下特征:一是化学性质稳定;二是对害虫高效广谱;三是化学结构变化无穷,品种多,适用范围广;四是毒性差异大;五是与有机氯、特别是除虫菊酯类杀虫剂相比,害虫对有机磷杀虫剂的抗药性发展缓慢。氨基甲酸酯类杀虫剂作用迅速,持效期长,大多数毒性较低,而且不同结构类型的品种其生物活性和防治对象差别很大。

(四)熏蒸杀虫剂

是利用可以气化的药剂挥发为气体(或本来为气体熏蒸剂)随着空气的扩散作用,通过昆虫的气门进入虫体,使之中毒死亡。熏蒸方法主要是在能控制的场所——船仓、仓库、粮食加工厂、面粉厂、帐幕以及能密闭的各种容器内进行杀虫。熏蒸剂可杀死在植物和植物产品内的害虫。也可以杀死活的植物上如苗木、蔬菜、块茎、块根、鳞茎等以及土壤内的害虫。亦能用于杀螨、杀菌、杀鼠。因此在熏蒸技术上要求经济安全、快速、有效,熏蒸是一项很复杂而细致的工作。

(五)杀 螨 剂

农业害螨具有体积小、繁殖快、适应性强及易产生抗药性等特点,是公认的最难防治的有害生物类群。目前杀螨剂的总数约占杀虫剂总数的 10%左右。杀螨剂主要是指只能杀螨而不能杀虫,或以杀螨为主的农药。兼有杀螨作用的杀虫剂,因其主要的生物活性是杀虫,故不能称其为杀螨剂,杀螨剂多属低毒农药,对人、畜较安全。不同螨类之间通常无交互抗性。为了预防害螨产生抗药性,延缓螨类抗药性的发展,应重视不同杀螨剂轮换使用及混配使用。此时称它们为杀虫、杀螨剂。纵观目前的杀螨剂农药品种,杀螨谱广、速效性和持效性较优良,不易产生抗性,对农作物安全的品种也很少。杀螨剂按其化学结构主要有:有机氯类、有机硫类、硝基苯类、有机锡类、脒类、杂环类及生物类等。我国自己生产的主要品种有:哒螨灵、四螨嗪、三唑锡、单甲脒、双甲脒、苯丁锡、浏阳霉素、阿维菌素、炔螨特等。从当前使用的杀螨剂来看,虽然大多数是高效、低毒的化合物,也较易分解,但这些农药的大多数是神经毒剂,对哺乳动物的毒性不容忽视,对环境也有一定的影响,同时害螨易产生抗性。因此,杀螨剂的发展必然是朝着高效、广谱、低毒和安全的生物农药及昆虫激素型农药方向发展。

(六)化学不育剂

利用某种化学物质使害虫吃下或接触以后,破坏其生殖能力,造成害虫不育的药剂称为不育剂。这是一类新兴的药剂,目前已有上千种新化合物作为昆虫不育剂,已经使用的有绝育磷、不育胺、不育特等。我国对噻替派、5-氟乳清酸、5-氟尿嘧啶等,已经开展了不育性的研究,其中以 $0.1\% \sim 0.2\%$ 噻替派喂家蝇、杂拟谷盗等,都能使雌雄不育。化学不育剂如果与害虫喜欢取食的诱饵混合使用,更可增进杀虫效力。此外,秋水仙素、氮芥、氧化氮芥、六磷胺等,也是比较有效的化学不育剂。但要注意,使用化学不育剂必须注意人的安全。

三、生物防治法

在自然界中,经常存在着植物的害虫同时也存在着害虫的天敌,它们是相互对立的,也是统一的。当人们充分掌握了它们之间的发生规律之后,应用害虫天敌来控制害虫的繁殖和猖獗,以压低与消灭虫害的方法,称为生物防治法。这种方法,不但没有污染环境和使害虫产生抗药性的缺点,而且还有经常而持久的控制害虫种群的优点。

害虫的天敌有病原性天敌（包括病毒、细菌、真菌、立克次体和原生动物）、寄生性天敌（包括线虫和寄生昆虫）、捕食性天敌（包括捕食性昆虫、寄生性昆虫、蜘蛛、鱼类、两栖类、爬行类、鸟类和哺乳类）。在所有的这些天敌中，应用价值比较好的是捕食性昆虫、寄生性昆虫、病原微生物以及鸟类、两栖类等。

（一）食虫昆虫的利用

食虫昆虫可分为捕食性和寄生性两类：最常见的捕食性昆虫有蜻蜓、螳螂、猎蝽、刺蝽、草蛉、食虫虻、食蚜蝇、步行虫、瓢虫、胡蜂、泥蜂等。其中瓢虫、步行虫、草蛉等能消灭大量害虫，已有不少成功的实例。寄生性昆虫的种类更多，主要的是寄生蜂和寄生蝇；而姬蜂总科、小蜂总科、细蜂总科及寄蝇科就包括大量寄生昆虫的四大类。

应用食虫昆虫（包括寄生和捕食两类）来防治农作物害虫，主要应注意以下四个方面的问题。

1. 保护本地食虫昆虫　害虫在一个地区长期存在以后，天敌种类和数量也会增多，但由于环境条件的限制，不能使天敌发展到足以控制害虫猖獗的程度。如果能采取适当的措施，避免伤害天敌，并帮助天敌繁殖，就可以控制害虫的发生和为害。保护本地天敌昆虫，首先要保证安全越冬。因为不少种类天敌昆虫，在寒冷的冬天，往往死亡率很大，应当设置安全蛰伏的处所，使其安全越冬。

2. 大量繁殖和放饲　此种方法是先在实验室内大量饲育食虫昆虫，然后按照需要的时间将其释放于田间或仓库内。这种方法只能应用于容易在实验室内迅速大量繁殖而不需要很多代价的种类。由于适时地大量释放，可以使自然条件或人为影响下,原来食虫昆虫很少的地方迅速增加数量,但大量繁殖的技术往往有一定的限制,故仍有许多问题需要解决。

3. 移植国内食虫昆虫 有效的食虫昆虫在它的寄主分布区域内,往往分布不平衡,或完全没有。因此,应该将优良食虫昆虫移植到还没有的地区去。

4. 输入国外食虫昆虫 近 80 多年来,国际间引进天敌获得成功的事例很多。例如美国自 1888～1889 年由澳洲输入澳洲瓢虫之后 5 年的时间,原来严重的吹绵蚧就被抑制了。此后,原苏联、新西兰等 40 多个国家相继输入,都获得成功。我国在新中国成立后,先后从国外引进四种天敌。1955 年从苏联引进了澳洲瓢虫和孟氏隐唇瓢虫到广州,澳洲瓢虫在广州繁殖、释放,并建立了种群。1957 年在广东电白县博贺镇防治木麻黄防护林带的吹绵蚧取得显著效果,挽救了长约 20 公里、宽约 100 米的垂危林带。

(二)病原微生物的应用

利用病原微生物或它的产物防治害虫,称为微生物防治。近 10 多年来微生物杀虫剂已引起了世界各国的重视,发展很快。我国比较系统地研究和应用植物害虫病原微生物,是在新中国成立之后才开始的。如东北农科所进行了白僵菌防治大豆食心虫的试验,福建农学院应用白僵菌防治甘薯小象甲,福建、广西、广东等省、自治区利用白僵菌防治松毛虫等,均收到一定效果。近 60 年来,我国应用微生物制剂防治农林害虫的研究与应用蓬勃兴起,湖北、广东、黑龙江、吉林、上海、江苏等省、市先后用病原微生物进行农作物害虫防治的研究,取得初步成果,如应用半闭弯尾姬蜂防治小菜蛾、应用亚洲小车蝗痘病毒与绿僵菌协同防治蝗虫、用昆虫病原线虫防治韭菜蛆等,均收到很好的效果。

四、物理机械防治法

应用各种物理因素,机械设备以及多种现代化除虫工具来预测及防治害虫的手段,称为物理机械防护法。物理机械防治的领域和内容相当广阔,包括光学、电学、声学、力学、放射物理、航空防治及人造卫星的利用等。物理机械防治主要有以下几个方面:器械捕杀、诱集和诱杀、阻隔法、温湿度的应用、放射能的应用和激光的应用等。在物理及机械防治中,还包括微波和超声波的应用。振动频率每秒 2 万次以上为特征的人耳难以感觉到的超声波,能使在液体介质中的动植物细胞和微生物引起几乎是刹那间的机械性破裂和死亡。它对昆虫的杀伤能力很强,用它来消灭仓库中的害虫既经济又有效。

第三节 大豆田杂草的综合治理

杂草综合治理的目的是在增加作物产量及经济效益的同时,减少除草措施对环境条件的压力、对作物生长的影响,保持农业的持续稳定发展。目前,国内外主要从以下几方面着手。

一、杂草种子检疫

种子是杂草传播、蔓延和发生的重要原因之一。如原产于欧洲和印度的稗草和原产于地中海沿岸地区的石茅高粱,现在已扩散到 60 多个国家。新的杂草种子一旦传入某一地区,对该地区杂草群落的演替及防除起着很大作用。因此,为防止危险性杂草种子从国外传入和在国内各种植区之间扩散,对杂草种子的识别及检疫研究备受重视,这在杂草的综合治理中起到了预防为主的作用。

二、农作措施除草

利用农作措施除草是指通过耕作、栽培手段改善作物与杂草的关系,使杂草在与作物的竞争中处于劣势,从而达到控制杂草、提高作物产量的目的。有的专家预测,未来的除草战略应更加依赖于该措施的投入来降低除草剂的用量。

耕作措施影响杂草种子在土壤中的分布、籽实寿命及出苗,从而影响着杂草的发生。很多学者对耕作制度与杂草发生的关系进行的研究证明:连续免耕,若没有好的控草措施,无疑会加重杂草发生。但免耕使杂草种子集中在表土层,促进了表土层草籽出土和深层草籽休眠,再配合有效的杂草控制措施,如合理施用除草剂等,可以使土壤种子库的杂草种子量减少,数年后,杂草危害降低。

合理轮作可以改变农田生态环境,有利于控制杂草危害,避免伴生性杂草发生蔓延;同时又可自然地更换除草剂,避免由于在同一田块长期使用同类除草剂,造成降解除草剂的生物富化,而使除草剂用量增加,效果降低;也可避免杂草产生抗药性。轮作是防除伴生性杂草和寄生性杂草的有效措施。如谷田中的狗尾草,大豆田中的苍耳和菟丝子,向日葵和瓜类田中的列当,小麦田中的野燕麦和毒麦,稻田中的多种水生杂草等。同时,不同的植株间存在异株相克现象,往往比连年种植同一种作物时的杂草密度降低很多。轮作还可以使不同杀草剂交替使用,在一定程度上加速了杂草群落演替和减缓了抗生杂草的出现。

三、生物除草

1795 年,印度从巴西引入胭脂虫(*Dactylopuy ceylonicus*)成功地控制了仙人掌的危害,首开生物除草之先河。由于生物除草措施具有不污染环境、不产生药害、投资少、经济效益高等优点,日益受到国内外研究者的重视。从 20 世纪 20 年代,利用昆虫、病原菌、病毒、线虫、植物等对杂草控制的研究逐步兴起。但至今为止,由于生物及生物除草剂杀草谱窄、对环境要求严格,因此,在大豆田没有太成功的先例。有的专家认为:今后生物除草在低值土地上对防除特殊杂草将起到比较重要的作用,而在作物田,将作为一项除草辅助措施加以利用。

很多学者对异株克生作用在农田杂草防除中的应用进行了研究,并有应用成功的实例。尤其是用作物的残体进行土壤覆盖,可在某种程度上降低杂草危害,特别是在控制田间早期杂草发生时非常有效。小麦、大麦、黑麦等收获后将秸秆覆盖在土壤表面,可以通过残体释放的异株克生物质或秸秆分泌物在土壤微生物作用下产生克生物质来抑制下茬大豆田杂草的发生;同时作物残体覆盖于土表对大豆田杂草出苗及早期生长也有物理屏障作用。覆盖物遮挡阳光,使杂草得不到光照,抑制其光合作用,造成杂草幼苗死亡。采用塑料薄膜覆盖,不仅增温保湿,而且借助于膜内高温可发挥除草作用,是一种重要的增产措施。植物之间的异株克生能力存在着很大差别,可以通过育种手段选育农艺性状好兼有对杂草有克生能力的作物。

四、抗除草剂育种

选育抗除草剂作物品种可以降低除草剂研制的成本、扩大对人、畜低毒除草剂的施用范围，对提高除草使用效果及解决作物田杂草危害都有很大作用。目前已有多个抗不同除草剂的基因被成功地转移到了敏感作物体内。抗除草剂作物主要是抗草甘膦作物。草甘膦是一种广谱性、灭生性的除草剂，草甘膦无残留活性，在土壤中被微生物迅速降解，没有任何其他除草剂具有草甘膦相同的作用机制，其与环境相容性好。把抗草甘膦的基因导入到作物里，田里可以随便喷施草甘膦，杂草都死了，作物却活着。在生产中，抗草甘膦大豆于1996年开始在美国种植，当年约种植40万公顷，1997年增至360万公顷，1998年达1130万公顷，占大豆播种总面积的40%，1999年占总面积的50%，2000年占57%，2002年则占74%。抗草甘膦作物的出现，可能导致今后除草剂市场只有草甘膦一种产品。

五、药物除草

目前，药物除草仍然是杂草防除的主要措施，它以其快速、高效、易操作等优势占据除草措施的首位。我国应用药物除草、实行少耕法，在大豆、棉花与水稻等方面已取得了一定的成效。黑龙江省在大豆田进行药物除草、不中耕的密植试验，普遍反映较常规中耕除草措施显著增产。美国在玉米、大豆、棉花、春小麦与水稻等作物近于全部种植面积使用化学除草剂灭草。

除草剂防除大豆田杂草的使用方法，一般可按除草剂的喷洒目标划分为以下两种方法。

（一）茎叶处理法

将除草剂直接喷洒到生长着的杂草茎、叶的方法成为茎叶处理法。按农田的施药时期又可分为播前茎叶处理与生育期处理。

1. 播前茎叶处理　这种方法是在农田尚未播种或移栽作物前，用药剂喷洒已长出的杂草。这时农田尚未栽培作物，故能安全有效地消灭杂草。通常要求除草剂具有广谱性，药剂易由叶面吸收，落在土壤上不致影响作物的生育，常用的药剂有百草枯与草甘膦等。但这种施药方法仅能消灭长出的杂草，对后发杂草则很难加以控制。

2. 生育期茎叶处理　作物出苗后使用除草剂处理杂草茎叶的方法称为生育期茎叶处理。这种方法不仅药剂能接触杂草，也能接触到作物，因而要求除草剂具有选择性。例如 2 甲 4 氯防除麦田中双子叶杂草，敌稗防除稻田的稗草或其他杂草，苯达松防除大豆田的双子叶杂草等。当然一些对作物毒性强的除草剂也可通过定向喷雾或保护装置，达到安全施药的目的。

茎叶处理法一般采用喷雾法而不用喷粉法，因为喷雾法使药剂易于附着并渗入杂草组织，有较好的药效。生育期茎叶处理的施药适期，宜在杂草敏感而对作物安全的生长阶段。例如精稳杀得，苯达松和拿捕净，在大豆苗后 1～3 片夏叶期处理，对大豆安全，且杀草效果好。

(二)土壤处理法

将除草剂施于土壤中称为土壤处理法。根据处理时期又可划分为播前土壤处理、播后苗前土壤处理与苗后土壤处理。

1. 播前土壤处理 作物播种或移栽前用除草剂处理土壤,具体的施药方法可分为以下 2 种:

(1)播前土壤处理 作物播种前将除草剂施于土壤表面。例如稻田插秧前施用除草醚或五氯酚钠于土表防除杂草。在旱田这种施药方法不常用。

(2)播前混土处理 作物种植前施用除草剂于土表,并均匀地混入浅土层中的方法称播前混土处理。为了药剂能均匀地混入土层内,可用钉齿耙、圆盘耙与旋转耙等混拌。据国内经验,用圆盘耙交叉耙两次,耙深 10 厘米就能将药剂均匀地分散到 3~5 厘米的土层内。当药层内的杂草萌芽或穿过药层时,则杂草吸收药剂而死亡,这种处理法的特点是能够减少易挥发与光解除草剂的流失。在土壤墒情差的情况下,苗前土壤处理由于药剂不能淋溶下渗接触杂草种子,故药效较差,而播前混土处理则药剂能接触杂草种子,故仍能获得较好的效果。例如土壤墒情差的条件下使用西玛津防除玉米田杂草,利用这种方法就能提高药效。

采用播前混土处理也可能出现一些问题。首先是药剂如果混入播种的土层内,降低了药剂的选择性,因此,所用的除草剂必须具有足够的选择性,否则会出现药害。其次,当除草剂从表层被分散到较深土层后,不一定都能增加除草效果,有些除草剂可能适得其反,因为土壤中的药剂浓度被稀释而降低了药效。

2. 播后苗前土壤处理 作物播种后尚未出苗时处理土

壤,称播后苗前土壤处理或苗前土壤处理。多数土壤处理剂是用这种方法施药的,包括取代脲类与三氮苯类等重要的除草剂类别。苗前土壤处理可应用选择性除草剂,如灭草灵用于稻秧田,西玛津与莠去津用于玉米田;但大多数情况是利用土壤位差的选择性,来达到对作物安全和除草的目的。

供土壤处理用的除草剂必须具有一定的残效,才能有效地控制杂草。落于土壤立即钝化的除草剂如敌稗、百草枯与草甘膦等,则不宜作土壤处理剂。

3. 苗后土壤处理　在作物生育期处理土壤,即移苗后土壤处理。除草剂还可按作用方式、在植物体内的转移性、使用方法等来分类。按作用方式分类可分为选择性除草剂与灭生性除草剂。

(1)**选择性除草剂**　除草剂在不同的植物间有选择性,即能够毒害或杀死某些植物,而对另外一些植物较安全,这类除草剂称为选择性除草剂。除草剂的选择性是相对的,因与用药量及植物发育阶段等因素有密切关系。例如一些选择性除草剂,当用量大时则失去选择性,如施用时不注意就会造成药害,甚至杀死作物。

(2)**灭生性除草剂**　这类除草剂对植物缺乏选择性或选择性小。因此,不能将它们直接喷到作物生育期的农田里,否则草苗均受害或死亡,例如百草枯、草甘膦、五氯酚钠与氯酸钠等。这类除草剂除可用于休闲地、田边与坝埂上灭草外,有些也可通过"时差"或"位差"的选择性,安全用于农田除草,如百草枯和草甘膦等。

由于作物田中存在多种具有不同生物学特性的杂草,因而不可能采用单一方法去防除。这就应当根据杂草的特点和发生规律,采用先进而经济的防除措施,充分发挥各种除草措施的优点,相辅相成,扬长避短,达到经济、安全、有效的控制杂草危害的目的。农田杂草综合防除的关键在于杂草消灭在萌芽期和幼苗期,即在作物生育前期,抓住主要矛盾,采取相应措施,以最少的投入,获得最佳的经济效益(图 2-1)。

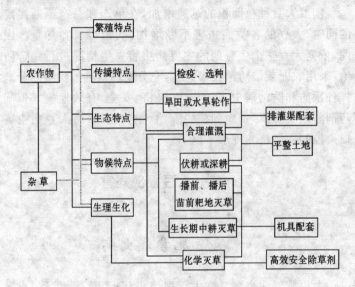

图 2-1 农田杂草综合治理措施图解

第三章 大豆主要病害及其防治

随着大豆种植面积的迅速增加,在单产和总产不断提高的同时,大豆的各类病虫害不断增加,病情也日益加重。因此,依据大豆整个生育期的主要病虫害发生情况进行综合防治,采用农业栽培防治技术为主,充分发挥良种的优势与药剂拌种预防和防治病虫害的作用,经济、安全、有效地搞好田间药剂防治,同时尽量做到病虫兼治、主次兼顾,将大豆病虫害损失控制在经济允许水平以下。

第一节 大豆根部病害

一、大豆胞囊线虫病

大豆胞囊线虫病又称大豆根线虫病、萎黄病,俗称"火龙秧子",是世界大豆生产的重要线虫病害,主要发生于偏冷凉地区。

【分布与危害】 在我国,主要分布于东北和黄淮海两个大豆主产区,尤其东北地区多年连作大豆的干旱、沙碱老豆区发生普遍严重,是仅次于大豆花叶病毒病的第二大病害。大豆受其危害后,轻者减产 20%～30%,严重的达到 70%～80%,并且每年都有大面积地块绝产。

【症 状】 胞囊线虫病在大豆整个生育期均可发生。胞囊线虫寄生于大豆根上,直接危害根部。幼苗期植株受害生长迟缓,子叶及真叶变黄,重病苗停止生长,终至死亡。根部被线虫寄生后,植株矮小,花芽簇生,节间短缩,开花期延迟,不能结荚或结荚少,叶片发黄;严重地块大面积枯黄,似火烧状,因而又称"火龙秧子"。被线虫寄生后,主根和侧根发育不良,须根增多,整个根系呈发状须根。须根上着生白色至黄白色比针尖略大的小突起,大小约 0.5 毫米,即线虫的胞囊(图 3-1)。病根根瘤很少或不结瘤。植株地上部分明显矮小,节间短,叶片发黄,叶柄及茎的顶部也成浅黄色,结荚很少。

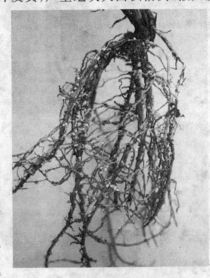

图 3-1　大豆胞囊线虫病的症状

【病　原】　大豆胞囊线虫病是由大豆胞囊线虫(*Heterodera glycines Ichinohe*,SCN)侵染引起的(图 3-2,图 3-3)。

1. **形态特征**　胞囊为柠檬形,初为白色,渐呈黄色,最后为褐色,长 0.6 毫米。表面有斑纹。卵长椭圆形或圆筒形,大小为 50~111 微米×39~43 微米,藏于胞囊中。幼虫分为 4 期(图 3-4),2 龄以前雌雄相似,3 龄以后雌雄可分。老熟雄虫线形,两端钝圆,多向腹侧弯曲,体长 1.33 毫米;老熟雌虫呈柠檬形,大小为 0.85 毫米×0.51 毫米,白色至黄白色,体内充满卵粒(图 3-5),体壁角质层变厚,可直接转化为柠檬状的皮囊(或称胞囊),具有抵御不良环境的作用,在胞囊内卵可

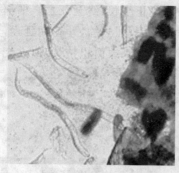

图 3-2　大豆胞囊线虫
的二龄幼虫

图 3-3　大豆胞囊线虫的白色、
褐色胞囊及卵囊

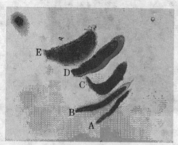

图 3-4　大豆胞囊线虫的二(A,
B)、三(C,D)、四(E)龄幼虫

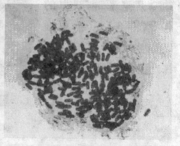

图 3-5　大豆胞囊线虫
卵囊内的卵

存活 10 年以上。

2. 寄主范围　大豆胞囊线虫的寄主范围很广。在我国 SCN 的寄主植物有大豆、菜豆、红小豆、饭豆、野生大豆、半野生大豆、地黄、豌豆、泡桐等。

3. 大豆胞囊线虫生理小种的发生和分布　不同群体间的 SCN 由于致病力不同而分为不同的生理小种。我国的 SCN 生理小种有 1、2、3、4、5、6、7、14 号等 8 个小种。1 号生理小种主要分布在辽宁、吉林、山东、江苏;2、7 号小种分布在山东;3 号小种主要分布在黑龙江、吉林、内蒙古等地;4 号小种主要分布在山西、河南、江苏、山东、安徽、河北及北京等地的大豆产区;5 号小种分布在安徽、吉林、内蒙古等地大豆主产地、县;6 号和 14 号小种分布在黑龙江省少数县。我国大豆胞囊线虫生理小种以 3 号、4 号小种发生普遍,为害严重。

【侵染循环与发病条件】

1. 侵染循环　大豆胞囊线虫以卵在胞囊内越冬。春季温度 16℃以上时卵发育孵化成一龄幼虫,折叠在卵壳内,蜕皮后成为二龄幼虫,用口针刺入寄主细胞内营寄生生活。第二次蜕皮后成为 3 龄幼虫,虫体膨大成豆荚形。第三次蜕皮后成为 4 龄幼虫,4 龄幼虫最后 1 次蜕皮后成为成虫。雄成虫突破根皮进入土中寻找雌成虫交尾。胞囊中的卵成为当年再侵染源和来年初侵染源。在没有寄主的情况下,胞囊内的卵保持活力最长可达 10 年,并可逐年分批孵化一部分,成为多年的初侵染源(图 3-6)。

2. 发病条件　大豆胞囊线虫病发生轻重与耕作制度、土壤类型、土壤的质地和土壤温湿度等多种因素有关。

(1)与温、湿度的关系　温度高、土壤湿度适中,通气良好,线虫发育快,最适宜的发育及活动温度为 18℃～25℃,低于 10℃幼虫便停止活动,最适的土壤湿度为 60%～80%,过湿氧气不足,易使线虫死亡。

(2)与土壤类型的关系　在通气良好的土壤,如冲积土、轻壤土、砂壤土、草甸棕壤土等粗结构的土壤和老熟瘠薄地、沙岗地、坡地等胞囊密度大,线虫病发生早而重,减产幅度大。在偏碱性的土壤和白浆土中,线虫病发生也重。

(3)与耕作制度的关系　大豆胞囊线虫在土壤内大豆耕作层中呈垂直分布。因此,多年连作地土壤内线虫数量逐年

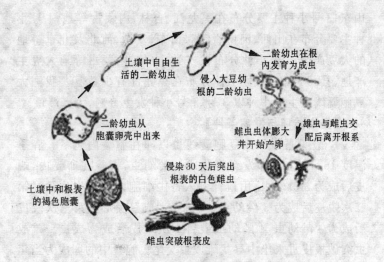

土壤中自由生活的二龄幼虫

二龄幼虫在根内发育为成虫

侵入大豆幼根的二龄幼虫

二龄幼虫从胞囊卵壳中出来

雌虫虫体膨大并开始产卵

雄虫与雌虫交配后离开根系

侵染30天后突出根表的白色雌虫

土壤中和根表的褐色胞囊

雌虫突破根表皮

图 3-6　大豆胞囊线虫的侵染循环

增多,危害也逐年加重。采取与非寄主植物进行合理轮作,土壤内线虫会逐年减少,危害也相应减轻。

【防治措施】

1. 种子检验　大豆种子上粘附有线虫如泥花脸豆、种子间混杂有线虫土粒、农机具上残留有含线虫的泥土以及种子调运是造成远距离传播的主要途径。所以,要搞好种子的检验,杜绝带线虫的种子进入无病区。

2. 农业技术　轮作是目前已知的最有效的控制大豆胞囊线虫的措施,实施轮作,采取大豆与禾本科作物如小麦、玉米、谷子等轮作,就可有效地进行防治。一般说来,轮作两年非寄主植物,就允许种植感病的大豆品种,如果线虫的虫口密度极高,再轮作 1 年非寄主作物,就能获得较好的防治效果。抗病品种有时也可代替非寄主作物,在线虫虫口密度很低的地块,或真菌寄生线虫严重的地块,或种植非寄主作物 1 年,

· 34 ·

就足以防治大豆胞囊线虫了。施足底肥,提高土壤肥力,可以增强植株抗病力。田间机械作业要注意清除残草和泥土,并且要先在无病田作业然后再到病田作业。

3. 抗病育种 不同的大豆品种对大豆胞囊线虫有不同程度的抵抗力,种植抗(耐)病品种如垦丰一号、抗线 1 号、抗线 2 号、辽豆 13 等,可避免线虫危害造成的减产,而且可以大大减少土壤内线虫密度,缩短轮作年限。但是,大多数田间的线虫是不同基因型的混合型。由于抗性品种影响施加的选择力,导致线虫虫口基因比例发生变化。连续或经常地使用抗病品种,使生理小种发生改变,结果造成毒力强的生理小种增多,如黑龙江省安达地区由于长期使用抗线 1 号抗病品种,使原来的弱致病力的 3 号优势小种变为强毒力的 14 号小种。因此,抗病育种工作今后应选择多种抗性基因品种的轮换种植,以及抗病与耐病品种、普通品种的轮换种植,可有效避免强毒力生理小种的出现。

4. 药剂处理 常年严重发病的地块建议采用药剂处理土壤。已经使用过的杀线虫剂如 DDT、呋喃丹、涕灭威(铁灭克)等药剂都是高毒药物,而且价格高,成本高,用量大,污染严重,对人、畜毒性大,故逐渐禁用或限制使用。

5. 生物防治 生物防治是利用大豆胞囊线虫的天敌来控制虫口数量和限制线虫引起的损失。

(1)昆虫防线虫 某些昆虫可以摄食胞囊。在培养皿里,一些弹尾虫能贪婪地取食大豆胞囊线虫的胞囊,大量弹尾虫能在长有大豆胞囊线虫的温室花盆中找到,然而若将他们应用于生产还需进一步研究。

(2)细菌防线虫 在日本、韩国、美国已发现 *Pasterua penetrans* Sayre & Starr 可以侵染 *Heterodera glycines*。该

细菌侵染效率高,对不利环境条件有抗性,专化性,但是它不能在人工培养基上生长,使这种线虫专性寄生菌的应用受到限制。

(3)真菌防线虫

①捕食性真菌　捕食性真菌从营养菌丝上产生粘性网、粘性球、粘性枝和收缩环等捕食器官来捕食土壤中运动的线虫。

②寄生性真菌　在胞囊线虫雌虫上发现3种重要的专性内寄生真菌:辅助链枝菌(*Catenaria auxiliaris*)和嗜雌线生菌(*Nematophthora gynophila*)和链壶菌(*Laginidiaceous*),目前正有许多寄生性真菌被逐渐发现。

捕食性和非捕食性寄生真菌联合使用要比单独应用其中的一种更有效。理想状态下,寄生真菌能寄生大豆胞囊线虫的卵和雌虫,而捕食性真菌能杀死活动的线虫幼虫。

6. 抗大豆胞囊线虫育种　培育抗病品种是防治大豆胞囊线虫最经济有效的途径。据报道,美国1975～1980年培育出的能抗胞囊线虫的大豆品种Forrest,政府的投入不到100万美元,而在美国7个州推广,挽回的损失是4.01亿美元,投入产出比是1∶400,由此可见应用抗胞囊线虫品种是防治大豆胞囊线虫病的最经济和有效的途径。我国的抗大豆胞囊线虫育种起步较晚,育种水平相对落后,但取得了可喜的成绩。目前我国育成的高产、抗胞囊线虫的品种除前面已介绍的以外,还有嫩丰15号、庆丰1号、高作1号、跃进8号、青岛84-51、齐黄25、庆抗83219、垦秣一号、白农2号、抗线4号、辽豆13、东农163等。这些耐病或较抗病品种在发病相同的条件下比生产上的常规品种一般要增产10%～30%,备受病区农民的欢迎,推广面积也迅速扩大。

二、大豆根结线虫病

线虫病害,病原为异皮科,异皮线虫属。分布广泛,山东等偏南方大豆产区受害较重。

【分布与危害】 大豆根结线虫病主要分布于北京、河南、安徽、山东、福建、湖北、江苏、四川、浙江、广东等地。根结线虫在我国的地理分布,大致是北纬40°以南至35°以北则以北方根结线虫为主;北纬35°以南则以南方根结线虫为主,兼有花生根结线虫;北纬25°以南则南方根结线虫、花生根结线虫、爪哇根结线虫并存。根结线虫危害大豆根系,破坏根组织;被害根生长受阻,腐烂;病株地上部萎黄、矮小,严重者大豆成行、成片萎蔫枯死,导致产量严重下降。

【症 状】 根结线虫为害大豆根部,被线虫侵染的根组织增生膨大,形成不规则形或串珠状根结,根结内含有线虫;根结大小不等,形状不一,表面粗糙(图3-7)。一般情况下,北方根结线虫的根结较小,如小米粒,根结上长有侧生毛根;南方根结线虫、爪哇根结线虫和花生根结线虫的根结较大或稍大。根结形成量大时,造成根系过度分岔、纤细、徒长、畸形紊乱、纠结成团,称为根结团。发病轻微者大豆植株生长发育不良,叶色淡;严重者萎黄不长,植株矮小,叶片黄化,田间成片黄黄绿绿,参差不齐,严重时植株萎蔫枯死。

【病 原】 大豆根结线虫属于根结线虫属(*Meloidogyne*)。根结线虫初侵染的群体数量,即第一代的发生量及生长期内的环境条件,决定大豆感病及受害程度。

1. 形态特征 根结线虫雌雄异形;卵椭圆形,无色,较胞囊线虫的卵大;幼虫线形;雌虫一般为梨形,大小为0.36~

图 3-7 大豆根结线虫病

0.85 毫米 × 0.2～0.56 毫米,雄虫线形,大小为 1～1.6 毫米 × 0.028～0.04 毫米。吻针短细,雌成虫阴门位于体末,由两片角质化的性唇构成,略突出,有各种会阴花纹。会阴花纹和吻针形态是区别不同种类线虫的重要特征。

2. 寄主范围 根结线虫的寄主范围很广,约 2 000 种寄主植物。除大豆外,还有马铃薯、菜豆、黄麻、红麻、烟草、甜菜和花生等。

3. 生活史 根结线虫以卵在卵囊内越冬,卵的存活期很长;卵孵化为幼虫,2 龄幼虫侵入大豆根部,在根组织内生活,蜕皮成为 3 龄幼虫,经 4 次蜕皮成为成虫。幼虫经 2 次蜕皮后,雄幼虫进入土壤中,成熟后与雌虫交尾,交尾后雄虫死去。雌虫交尾后排出胶状物质形成卵囊团,卵产于卵囊内,雌虫产卵后死去。1 条雌虫一般产卵 300～600 粒,条件适宜时,产卵量可多至 2 000 粒。卵的孵化和幼虫的发育,与温度有关,温度高、发育快,在 1 年内完成世代数多。

【侵染循环与发病条件】

1. 侵染循环 大豆根结线虫以卵在土壤内越冬,带线虫土壤是根结线虫病的主要初次侵染源。翌年春当地温回升至 11.3℃ 时,卵陆续孵化为 1 龄幼虫,地温平均达 12℃ 以上时,1 龄幼虫蜕皮发育成 2 龄幼虫,进入土内活动,侵染大豆根部。在根尖处侵入寄主,头插入维管束的筛管中吸食养分,刺激根细胞分裂膨大,幼虫蜕皮形成豆荚形 3 龄幼虫及葫芦形 4 龄幼虫,经最后 1 次蜕皮性成熟成为雌成虫,阴门露出根结产卵,形成卵囊团,随根结逸散入土中。侵入到根内的雌成虫以溶解的大豆根细胞壁为养料,在根组织内发育为成虫,最后产卵;卵孵化出的幼虫进行再侵染。

根结线虫在土壤内水平移动速度很慢,在田间传播是通过农机具及人、畜作业携带,以及随土粒和径流水传播。

2. 发病条件 大豆根结线虫病的发生与土壤内线虫含量、土壤温湿度的高低有很大关系。根结线虫在土壤内垂直分布可达 80 厘米,但其中 80% 以上幼虫分布在 0~40 厘米的土层内,又以 0~30 厘米的耕层内最多。土壤内线虫大量集中在大豆根分布区,使大豆根更多地遭受线虫侵染而严重被害。根结线虫在土壤内存活期很长,因此,连作大豆的土壤内,逐年积累的线虫量大、初次侵染来源多和病害重。

根结线虫产卵最适温度为 25℃~32℃,15℃~16℃ 时产卵量很少,而 20℃~24℃ 时产卵量显著增加。卵孵化受温度的影响很大,适宜温度在 12℃~27℃,27℃ 下孵化率最高。

根结线虫卵孵化还与土壤酸碱度有关,pH 值为 7 时最适于卵孵化,孵化的最低 pH 值为 3,pH 值为 2 卵则不能孵化,pH 值为 7 以上时卵孵化率下降,pH 值为 10.5 时卵的孵化率很低。看来根结线虫适应于偏酸到中性的土壤条件。砂质土壤和土壤瘠薄,可促进根结线虫病的发生。

【防治措施】

1. 轮作 要在明确地鉴定田间线虫种类的基础上,轮作才能行之有效。因为不同种类的根结线虫,其寄主作物有差别。如玉米和棉花是南方根结线虫的良好寄主,若用它们与大豆轮作,可以保持土壤中南方根结线虫中等至高等的群体数量,应尽量不采用,花生是其非寄主,则可以利用。

轮作非寄主植物的年限,要长于种植感病品种的年限,才可提高防治效果,控制根结线虫群体量,使之达到较适于常规农业生产所允许的水平。以进行 3～5 年以上的轮作为宜。

2. 增施粪肥 土壤肥力差,植株生长不良,导致病害加重。适当增施粪肥既可促进植株生长,又可以提高抗虫和组织愈伤能力,对减轻受害有很好的效果。

3. 防治根结线虫的特殊方法

(1)淤灌 在水源丰富和土地平整的地方,通过对地表 10 厘米或更深的深度淤灌几个月来防治根结线虫,有时是可行的。淤灌不一定是通过淹水杀死根结线虫的卵和幼虫,而是在田地被淤灌时在各种植物上阻止了根结线虫侵染和繁殖。淤灌的效果可通过测定后茬作物的产量做出准确的评价,而不是通过幼虫的存活。淤灌时幼虫可以存活下来,但是不能完成侵染。

(2)干燥 在某些气候条件下,可利用干燥季节每隔2～4周耕 1 次土壤,以减少田间根结线虫的虫口。这样使卵和幼虫处于干燥状态下,许多暴露在土壤表层的被杀死,可有效地使后茬感病作物显著增产。

4. **应用抗病品种**　最早国外研究大豆对南方根结线虫的抗性,曾选出许多抗病品种,有些品种抗花生根结线虫或爪哇根结线虫,有的能兼抗二者,应用抗病品种能达到使用药剂防治的水平。但是抗性是有变化的,尤其是对南方根结线虫,而且地理种、小种可随品种抗性的改变而发生相应的变化。此外环境也会使根结线虫的为害程度有所改变。所以在一个地区不宜连续或长期使用同一抗病品种。

5. **药剂防治**　大豆根结线虫的防治最早多应用熏蒸剂,因其系预防性土壤消毒剂,效果较高,但不能在大豆生长期使用,并且有的还因根结线虫种类的不同而效果有异。现只有溴甲烷和棉隆(dazomet、98%必速灭)等少数熏蒸剂在设施栽培条件下施用。因熏蒸剂必需在施用方法及土壤条件上规格化,严格使药剂达到分布深度(地平面下净深 20 厘米处)并要立即密闭一定时限(半月左右),以防药气跑失。

20 世纪 80 年代以来治疗型药剂涕灭威(铁灭克)150 克(有效成分)/667 平方米,克百威(呋喃丹)250～300 克(有效成分)/667 平方米,及硫环磷(phosfolan)、甲基异柳磷 300～400 克(有效成分)/667 平方米等均有明显防治效果,可控制种苗期线虫第一代的初侵染,能有效地保护主根。其防治效果表现在后期显著保产、增产上,效益较高。但其毒性大,目前已被禁用。

三、大豆根腐病

【**分布与危害**】　多分布于北方大豆产区。大豆根腐病是世界各大豆产区的重要病害,自 1917 年美国发现大豆根腐病以来,现在中国、日本、老挝、印度、印度尼西亚、马来西亚、澳大利亚、加拿大、匈牙利、保加利亚、埃及和俄罗斯等国家均有报道。在中国大豆根腐病主要分布于黄淮地区的山东、安徽等地,东北地区的黑龙江省、吉林省和内蒙古自治区以及西北的陕西省等地,尤其是黑龙江省三江平原和松嫩平原发生最重,据黑龙江省农业科学院合江农科所1990～1993年对三江平原大豆根腐病发生危害的调查,大豆生育前期(开花以前)平均发病率为56%,后期高达75%以上。病情指数一般年份为30%～40%,多雨年份50%～60%。据调查,浅山丘陵低湿地的病株率为15.5%～48.1%,平坝水田区种植的"田坎豆"为31.5%～81.8%。全国各大豆产区根腐病一般田块发病率为40%～60%,重病田达100%,一般年份减产10%,严重时损失可达60%,而且使大豆含油量明显下降。

【症　状】　大豆整个生育期均可感染大豆根腐病。出土前种子受害腐烂变软,不能萌发,表面生有白色霉层。种子萌发后腐烂的幼芽变褐畸形,最后枯死腐烂。幼苗期症状主要发生在根部,主根病斑初为褐色至黑褐色或赤褐色小点,扩大后呈棱形、长条形或不规则形的稍凹陷大斑,病重时病斑呈铁锈色、红褐色或黑褐色,皮层腐烂呈溃疡状,地下侧根从根尖开始变褐色,水浸状,并逐渐变褐腐烂,重病株的主根和须根腐烂,造成"秃根"。病株地上部生长不良,病苗矮瘦,叶小色淡发黄,严重时干枯而死。在成株期,病株根部形成褐色斑,形状不规则,大小不一,病重时根系开裂木质纤维组织露出,植株的地上部叶片由下而上逐渐发黄,先底部2～3片复叶变黄,以后整株叶色浅绿,感病植株矮化,比正常植株矮5～8厘米。发病植株须根较正常植株少30～34条,根瘤较正常植株少20～25个。大豆开花结荚期为发病高峰期,田间出现大量黄叶,病株矮化,根系全部腐烂,导致病株死亡,轻者虽可继续生长,但叶片变黄以至提早脱落,结荚少,子粒小,产量低。大豆根腐病在田间发生往往呈"锅底坑"状分布,形成圆形或椭圆形的发病点。

【病　原】　由于地区性差异,各地报道的病原菌种类不尽相同。黄淮地区大豆根腐病病原菌主要为茄腐镰刀菌、尖孢镰刀菌和木贼镰刀菌,其中以茄腐镰刀菌的分离频率高,达68.8%~84%;黑龙江省大豆根腐病的病原菌主要有尖孢镰刀菌芬芳变种、燕麦镰刀菌、立枯丝核菌和腐霉菌,其中尖孢镰刀菌为优势种群,是黑龙江省大豆根腐病的主要致病菌,其次是燕麦镰刀菌和腐霉菌,立枯丝核菌为次要病菌,各种菌的侵染情况为尖孢镰刀菌、燕麦镰刀菌随着大豆种子发芽而侵染率提高,分枝期达到高峰,以后逐渐下降;腐霉菌和立枯丝核菌则随着生育进程略微下降。陕西关中地区大豆根腐病的病原主要为茄腐镰刀菌,其分离频率高达93.3%,其次为尖孢镰刀菌芬芳变种为84.6%,木贼镰刀菌为3.1%。

【侵染循环与发病条件】

1. 侵染循环　引起大豆根腐病的大多数病原菌属于土壤习居菌,除了能以菌丝或菌核在土壤中或病组织上越冬外,还可以在土壤中腐生。因此,土壤和病残体(病根)是大豆根腐病的初次侵染来源。大豆种子萌发后4~7天即可侵染胚茎和胚根,虫伤和其他自然伤口有利于多种病菌侵入。

2. 发病条件　影响大豆根腐病发病的条件主要是土壤中菌源数量、土壤的理化性质与土壤温、湿度等。

(1)种植制度　由于根腐病菌属于土壤习居菌,可以在土壤中腐生,在适宜寄主植物的条件下,病菌生长发育好、繁殖快,从而土壤中的菌源数量增多,发病重,所以大豆连作地根腐病重,连作年限越久,发病越重。总的发病趋势是重三年＞

重二年＞重一年＞迎茬＞正茬。正茬明显小于迎茬和重茬，而迎茬和重茬之间差异不大，说明两年轮作对大豆根腐病基本没有防治效果。

（2）土壤理化性质　土壤质地疏松、通透性好的砂壤土、轻壤土、黑土较粘重土壤及通透性差的白浆土病害轻，土壤肥沃较土壤瘠薄地病害轻。

（3）土壤温、湿度　大豆种子发芽与幼苗生长的适温为20℃～25℃，低于9℃出苗就受到严重影响。因此，播种早，由于播种期土壤温度低，发病重。另外土壤含水量大，特别是低洼潮湿地，大豆幼苗长势弱，抗病力差，也易受病菌侵染，发病重；土壤含水量过低，旱情时间长或久旱后突然连续降雨，使大豆幼苗迅速生长，根部表皮易纵裂，伤口增多，也有利于病菌侵染，病害加重。

（4）耕作方式　一般垄作比平作发病轻，大垄比小垄尤其平作栽培发病轻。其原因是垄作可进行中耕培土，使土壤疏松，通透性好，土壤含水量降低；而平地由于土壤板结并易发生涝害，土壤含水量高，有利于病菌繁殖侵染根部，发病常重。

（5）播种深度　大豆播种深度直接影响幼苗出土速度，若播种过深，则地温低，幼苗生长慢，组织柔弱，地下根部延长，根易被病菌侵染，使病情加重。

（6）施肥　施肥水平和施肥种类对根腐病也有很大影响，一般氮肥用量大，使幼苗组织柔嫩，病害重，增施磷肥可减轻病害发生。

（7）害虫　一般根部有潜根蝇为害，有利于病害发生，虫株率愈高发病愈重，反之则轻。

（8）化学除草剂　豆田除草剂应用得好，可以对豆田灭草起到良好的作用，某些除草剂因施用方法和剂量不当，可造成大豆幼苗产生药害,使幼苗生长受阻,同时也会加重大豆根腐病的发生。

【防治措施】 引起大豆根腐病的病菌多为土壤习居菌,且寄主范围广,因此,必须采用以农业防治为主,与药剂防治相结合的综合防治措施。

1. 农业防治

(1)合理轮作 实行与禾本科作物 3 年以上轮作,严禁大豆重迎茬。

(2)垄作栽培 垄作有利于降湿,增温,减轻病害。

(3)适时晚播 适时晚播发病轻,地温稳定通过 7℃～8℃时开始播种,并注意播深为 3～5 厘米,不能超 5 厘米。

(4)雨后及时排除田间积水,降低土壤湿度减轻病情 及时翻耕、平整细耕土地,改善土壤通气状态,减少田间积水,适时中耕培土,促进根系发育,防治地下害虫,增施有机肥,培育壮苗,增强抗病力。在春季气温低,土壤粘重的为根腐病常发区,提高耕作水平是一项重要的防病措施。

(5)施足基肥,种肥,及时追肥 应用多元复合液肥进行叶面施肥,弥补根部病害吸收肥、水的不足。

(6)中耕培土 及时进行中耕培土,促进地上茎基部侧生新根的形成,恢复生长。

2. 药剂防治 通过药剂拌种,可推迟侵染期,常用方法有以下几种。

(1)种衣拌种 用含有多菌灵、福美双和杀虫剂的大豆种衣剂拌种,种衣剂用量为种子重量的 1％～1.5％,可以预防根腐病和潜根蝇。

(2)混剂拌种 用多·福混剂拌种,用种子重量的 0.4％药剂进行湿拌,为了增加附着性,可用聚乙烯醇液做粘着剂。

（3）适乐时加阿普隆拌种　每100千克种子用2.5%适乐时150毫升乳油加20%阿普隆40毫升拌种。由于药剂拌种后，药效只能持续15～25天左右，一定要采用中耕培土措施，以利于侧生新根形成，以便及时补充肥、水。

（4）药物治疗　已发病的田块，应及时喷施叶面肥及植物生长调节剂如尿素和磷酸二氢钾等，或喷施2%菌克毒克（宁南霉素）以增强植株的抗病性，促进病株新根的生成，增强植株的再生能力。配合比例是小叶敌400～500倍液、2%万佳丰水剂3 000倍液、尿素150～200克/667平方米、磷酸二氢钾100～150克/667平方米。2%菌克毒克用量为50毫升/667平方米。

3. 生物制剂拌种

（1）大豆根保菌剂　每公顷所需大豆种子用1 500毫升液剂拌种。

（2）菌克毒克拌种　用种子重量1%～1.5%的2%菌克毒克水剂拌种。

4. 生物制剂做种肥　大豆根保菌剂颗粒剂，用30千克/公顷与种肥混施。

5. 选育和利用抗病品种　不同大豆品种对根腐病的抗性不同，罗瑞栭等鉴定了47个品种（系），高度耐病的品种有鲁豆6号、豆交59、86-4069、86-31004，耐病品种有临338、williams、临85-135、淮1689、淮87、鲁豆4号、临55、齐黄22、淮1646、诱变30、诱变31、豆交49、鲁豆2号、荷7308-1-2等。辛惠普等认为九农9号、合交71-943、东农76-943、东农3号、丰收3号等抗病。

四、大豆疫病

大豆疫病又名大豆疫霉根腐病,病原属于鞭毛菌亚门,卵菌纲,霜霉目,腐霉科真菌。该病于 1948 年最早发现于美国印第安纳州,现已成为严重威胁大豆生产的重要病害之一。

【分布与危害】 该病广泛分布于亚洲的日本、巴基斯坦、印度、菲律宾、中国,欧洲的英国、法国、意大利、德国、俄罗斯、斯洛文尼亚、匈牙利、瑞士,澳洲的澳大利亚、新西兰,美洲的加拿大、巴西、阿根廷、智利和非洲的埃及、尼日利亚等国家,1989 年,沈崇尧和苏彦纯在中国东北地区首次发现大豆疫病,现已在中国大豆的主产区黑龙江省、吉林省、安徽省、福建省、内蒙古自治区及北京市、山东省等地发现大豆疫病,尤其以黑龙江省发病最为严重。李宝英等 1995~1998 年对黑龙江大部分大豆产区 50 多个县调查后发现,其中有 40 多个县都发现有大豆疫病,该病害在黑龙江省基本形成围绕哈尔滨市、佳木斯市和牡丹江市的 3 个发病区域,发病地块多半靠近水源、地势平坦、积水较多。

大豆疫病田间发病率一般为 3%~5%,严重地块达75%,甚至绝产,在感病品种上损失可达 25%~50%,个别高感品种损失可达 100%,发病植株种子的蛋白质含量明显降低。1986 年,大豆疫病列为我国对外植物检疫对象,1995 年大豆疫病又被列为国家对内的检疫对象。

【症 状】 大豆疫霉菌可在大豆的任何生育阶段造成危害,引起根腐、茎腐、植株矮化、枯萎、死亡等症状。田间播种后引起种子腐烂或大豆幼苗主根出现病斑,病斑为浅褐色至黑褐色。大豆幼苗生长缓慢,钩头期猝倒死亡。苗后猝倒表现为主根变褐、变软，变色扩展至下胚轴，子叶节下表皮开裂，形成环状剥皮斑，胚轴腐烂，植株死亡。幼苗期，在子叶和真叶基部发病形成褐色病斑，2～3天后褐色斑中间呈灰白色，后期病斑边缘呈褐红色水渍状，幼苗猝倒死亡。叶片水渍状，不褪色。复叶期，发病部位一般在茎基部1～4节间，病斑褐色，叶片褪绿变黄，不脱落呈八字形下垂。病斑继续向上部扩展，病茎干枯死亡，呈黑褐色，有的表面着生白色霉状物。花荚期，病斑出现在基部至12节间，有的分枝也发病。发病前期，病斑呈红褐色，椭圆形或不规则形，稍有凹陷，病菌逐渐向上、周围及茎内部侵染；发病中期，随着病情加重，病斑扩大并扩展到茎的全周，颜色变为浅褐色，病菌由表皮向髓部侵染，髓部呈水渍状；发病后期，病斑长度在4～18厘米之间，茎部皮层和维管束组织变色坏死，植株叶片变黄下垂，整个植株萎蔫，节间发病的叶柄脱落。鼓粒期，病部有明显的不规则黑褐色小斑，有些豆荚也感病，最初在豆荚基部呈水渍状，逐渐往端部扩展，致使整个豆荚变褐干枯，豆荚表皮失去光泽呈淡褐色。受害种子干瘪皱缩，青绿色或有褐色斑，部分种子因表皮皱缩呈现出网纹，子粒体积明显变小（图3-8）。

【病　原】　大豆疫病的病原是大豆疫霉菌。该菌在LBA和V8汁培养基上气生菌丝不发达，生长缓慢，菌落平坦，边缘不整齐，在胡萝卜培养基上气生菌丝较发达，呈致密的絮状。

幼龄菌丝无隔、多核，宽3～9微米，菌丝大多呈直角分枝，分枝基部有缢缩，菌丝老化时产生隔膜，并形成结节状或不规则的菌丝膨大体，膨大体呈球形、椭圆形，大小不等。菌丝最适生长温度为24℃～28℃，最高35℃，最低8℃。

大豆疫霉菌在胡萝卜或利马豆固体培养基上生长1周后

图 3-8 大豆疫病田间症状

可产生大量的卵孢子,同宗配合,雄器侧生,藏卵器壁薄,无纹饰,球形至亚球形,直径 29～58 微米,平均 32～41 微米,卵孢子球形,壁厚光滑,直径 26～40 微米,成熟和休眠状态下,其细胞质呈颗粒状,中心有折光体,边缘有一对透明体。纯培养条件下,卵孢子形成 1 个月后即可萌发。卵孢子在 WA 上培养 4 天开始萌发,7～14 天达到高峰期,卵孢子萌发的适宜温度为 18℃～24℃,36℃恒温水浴给卵孢子一个预热过程,卵孢子的萌发率明显提高,光照可促进其萌发。

【侵染循环与发病条件】

1. 侵染循环　大豆疫病是典型的土传真菌病害,在收获过程中发现混杂在种子中的土壤颗粒和病株残体,带有活的疫霉菌。种子带菌成为初侵染源,种子带菌也可为第二年的侵染源。土壤是大豆疫霉菌在田间传播的重要途径。疫霉菌的孢子囊和游动孢子是田间传播的重要菌态。大豆植株感病后，在根内形成大量的卵孢子，卵孢子随着病残体落入土壤中，此卵孢子抗逆性强，可以在土壤里和病残体中越冬，翌年春季当温湿度条件适宜时，卵孢子打破休眠而萌发，长出芽管，发育成菌丝和孢子囊，孢子囊在土中不断形成、积累，当土壤积水时，产生大量游动孢子，游动孢子从孢子囊中释放出来，通过土壤中的流水传播。游动孢子被吸引到发芽的种子及根的渗出液周围，并聚集在根组织上休止，然后萌发产生压力胞穿透寄主表皮，并在寄主细胞间通过吸器从寄主组织中吸收营养而生长。疫霉菌侵入寄主根部，根系受侵后，病菌向上扩展至茎部和上部侧枝。风还可将病土颗粒吹到叶面，出现叶部感染，如天气阴雨连绵或潮湿多云时，叶部感染加重，并向叶柄和茎部蔓延，病情迅速发展，同时在受侵染根系表面形成大量的孢子囊，并释放到土壤中随流水传播，成为再次侵染源。

2. 发病条件 大豆疫病的发生与降雨、土壤类型、耕作制度、肥料和栽培品种等多种因素密切相关，其中以土壤因素最为重要，而土壤因素中又以土壤湿度为影响此病害发生的关键。土壤湿度可以影响病原菌活性。如果土壤被水淹没或下雨后排水不良以及地势低洼积水时，游动孢子大量形成并释放，随水传播，有利于病菌侵入而发病严重；干旱也使大豆疫病发生严重。土壤温度也是影响此病害的重要因素，温度高于 35℃时，植株很少出现症状。此外，土壤类型与发病关系密切，此病通常发生在难以耕作的粘重土，冰碛土发病率也高。

耕作制度也会影响大豆疫病的发生，土壤免耕或减少耕作次数会加重病害，轮作可以减轻大豆疫病的发生，在降雨量大的年份和低湿地实行垄作可减轻大豆疫病的危害。土壤板结,病情加重,疏松的土壤发病轻;高肥加重发病,含氯盐的肥料比含硫盐和磷酸盐的肥料发病重;使用除草剂 2,4-D、氟乐灵或磷酸甘氨酸均会加重病害。菌根真菌旺盛繁殖可减轻病害的发生,腐霉菌、丝核菌会加重病害。

耕作、栽培方式、茬口、地势等条件也不同程度地影响大豆疫病的发生。在黑龙江调查发现,平作发病率为5%～7%,垄作为 0～3%,重茬发病率为 5%～7%,正茬为零星发生,低洼地发病率高达 30%～50%,而岗地为零星发生。平播、密植、重茬、低洼地块疫霉病发病较重。

【防治措施】

1. 加强检疫工作 大豆疫霉菌是我国进境植物检疫 A1 类危险性有害生物,也是内检对象。我国每年从国外进口几百万吨疫区大豆,传带大豆疫霉菌的风险性较高,迄今为止我国已多次从贸易性大豆,尤其是美国大豆中截获到该病原菌。因此,口岸应加强进口大豆的检疫工作。此外,由于我国目前只有少数地区发生此病害,还要加强国内检疫,特别要严格防制商品大豆中夹带土块,防止病害向新区发展。

2. 培育抗、耐病品种 由于此病的病原菌和大豆品种间存在基因对基因关系,尽管大豆疫霉菌生理小种很多,目前美国已发现了 53 个生理小种,并且新小种出现也较快,但利用抗病品种仍然是最有效的防治手段,国内也鉴定出一批品种和抗源材料,如绥农 15、绥农 8、吉林 5 号等品种(系)表现出较强的抗性。不论在美国、澳大利亚、加拿大还是中国大豆品种中,单基因小种专化抗性都普遍存在,目前已鉴定出大豆中有 13 个抗大豆疫霉菌的显性单基因(Rps)。

3. 加强栽培管理 早播,少耕,窄行,使用除草剂等都能使病害加重,降低土壤渗水性、通透性的措施都将加重大豆疫病的发生;减少土壤水分,增加土壤通透性,降低病菌来源的耕作栽培措施,都可以减轻大豆疫病的发生程度。所以栽培大豆应避免种植在低洼、排水不良或粘重土壤中,并要加强耕作作业,防止土壤板结,增加土壤的渗透性,可减轻发病。避免连作,在发病田用不感病作物轮作 4 年以上,可能减轻发病。

土壤湿度是影响大豆疫病的关键因素之一。土壤的松密度也与病害的严重程度呈正相关,所以减少土壤水分、增加土壤通透性、降低病菌来源的耕作栽培措施,如采用平地垄作或顺坡开垄种植,田间耕作采用小型农机,雨后田间排水通畅等都对防治大豆疫病有利。

4. 综合防治 生物防治是控制大豆疫病的一个重要途径,C95 制剂是 1995 年引进的一种生物活性制剂,具有抗菌活性,并具有化学免疫功能,可诱导植物产生抗性,提高被害植株的抗病性。国外研究表明,任何单一的防治措施都不能完全控制大豆疫病。大豆疫霉菌具有较高的变异性,因此,品种的抗性不可能持续;杀菌剂如甲霜灵效果较好,但其不对所有的小种都有效,而且甲霜灵很容易产生抗性,目前一般采用甲霜灵加代森锰锌或乙磷铝等方法延缓抗药性的产生;生物防治虽然比其他措施好,但其研究进展缓慢,而且大田试验效果不太理想。因此,必须进行综合防治,如利用高耐病品种加种衣剂处理,以防病害的发生、发展。另外,还可用瑞毒·锰锌、杀毒矾和 72% 杜邦克露可湿性粉剂闷种,用药量为大豆种子重量的 0.4%~0.5%,或黑龙江省八一农垦大学种衣剂 ND98-1 按种子重量的 2% 拌种,效果明显。

第二节　大豆地上部病害

一、大豆霜霉病

【分布与危害】　大豆霜霉病分布于全国各大豆产区，以大豆生育期冷凉多雨的地区东北、华北发生普遍，尤以黑龙江、吉林等地最为严重。

大豆霜霉病除为害大豆幼苗和叶片外，更重要的是种子带菌。病种子的发病率为 10％～50％。百粒重减轻 4％～16％，重者可达 30％左右。病种子发芽率下降 10％以上，含油量减少 0.6％～1.7％，出油率降低 2.7％～7.6％。由于霜霉病的为害，病叶早落，大豆产量和品质下降，可减产 8％～15.2％。

【症　状】　霜霉病可为害大豆幼苗、叶片、荚和豆粒。最明显的症状是叶背产生霜霉状物。

1. 幼苗发病　播种带病的种子，能直接引起幼苗发病。病苗子叶不显症状。感病幼苗第一片真叶展开后，不论单叶还是复叶，均从叶柄基部中肋沿叶脉两侧出现褪绿斑块，扩大后叶片全部变黄，病叶背面密生灰色霉层（病菌的孢囊梗及孢子囊）。气候潮湿，病斑扩展迅速，霉层厚，病叶由外缘向内干枯，叶片脱落，重病苗生长停滞，植株矮化，可早期死亡。气候干旱或轻病苗，病势扩展缓慢，幼苗顶部叶片症状不明显，病叶色淡，质地薄，叶背霉层也不显著，天气过于干旱，甚而只显黄绿色斑块，不见霉层。

2. 叶片受害　成株期叶片上的病斑散生，呈圆形或不规则形的黄绿色小斑点,叶背有灰霉,呈星芒状。病斑扩大后,则呈圆形或不规则形的黄褐色斑,周围深褐色,与健部分界明显,背面密生灰色霉层。发病严重的,病斑可汇合成更大斑块,病叶干枯,叶片变薄而脆,呈黄褐色,背面霉状物散生或不显,引起叶片大量脱落。

3. 豆荚受害 病荚表面常无明显症状,剥开可见豆荚内层有不定形的块状灰色霉层。

4. 豆粒受害 病粒的全部或大部均粘附有块状的灰白色霉层(病菌的卵孢子和菌丝)。

5. 发病特征 病菌呈系统侵染;叶上病斑背面生有灰色霉层;被害子粒表面粘附有灰白色霉层。

【病　原】 大豆霜霉病(*Peronospora manschurica*)的病原为真菌属藻菌纲,除侵染大豆外,尚可侵染野大豆。病原真菌的孢囊梗自气孔伸出,单生或数根束生,大小为 240～424 微米×6～10 微米,无色(在叶片上呈灰色至淡紫色),呈树枝状,主枝占全长 1/2 以上,基部稍大,顶端作 3～4 次二叉状分枝,主枝呈对称状,弯或微弯,小枝呈锐角或直角,最末的小枝顶端尖锐,其上着生一个孢子囊。孢子囊椭圆形或倒卵形,少数球形,无色或略带淡黄色,单胞,多数无乳头突起,大小为 14～26 微米×14～20 微米。

有性世代产生卵孢子。卵孢子球形,外壁厚而光滑,黄褐色,内含一个卵球,直径 29～50 微米。

【侵染循环及发病条件】

1. 侵染循环 病菌以卵孢子附着在病子粒上和在病组织中越冬,以在种子上的卵孢子为主。病子粒上粘着的卵孢子越冬后萌发产生游动孢子,侵染大豆幼苗的胚茎,菌丝随大豆的生长上升,尔后蔓延到真叶及腋芽,形成系统侵染。幼苗被害率与温度有关,附着在种子上的卵孢子在 13℃ 以下可造成 40% 幼苗发病,而温度在 18℃ 以上便不能侵染。病苗叶片上产生大量孢子囊,借风、雨传播,侵染成株期叶片。落在叶片上的孢子囊萌发生成芽管,侵入寄主表皮,侵入后菌丝蔓延于寄主细胞间隙,在寄主细胞内形成吸器。进入叶内的细胞间菌丝体发出吸器到靠近菌丝体的寄主细胞中,并在侵入点细胞壁围绕吸器长成鞘状。在吸器壁和寄主细胞的质膜之间有较厚的胶囊叫做附着带。真菌侵入后,菌丝在侵入部位扩展使叶片褪绿,形成病斑。在侵入后的 7～10 天,病叶背面便可产生大量孢子囊,扩大再侵染。

2. 发病条件 大豆霜霉病菌的孢子囊萌发与光照长短成正比。孢子囊的形成与萌发和露滴存在的时间长短关系密切,只有在被害叶面上呈湿润状态才能形成孢子囊,保持 10 个小时的露水最有利于孢子囊的大量形成。因此,雨多、湿度大的年份病害发生重。霜霉病的发生和为害与温度也有关系,高温不适合病害的发生与发展,所以,霜霉病虽然在全国大豆产区均有发生,但发生严重并造成为害的,主要是在东北和华北,特别是东北。在东北和华北一般是 6 月中下旬成株期叶片开始发病。7～8 月份为发病盛期。这两个地区 7～8 月份又值雨季,因此霜霉病经常严重发生,特别是黑龙江昼夜温差大,更加有利于霜霉病菌的孢子囊形成、萌发侵入和病害的发生与发展。长江流域以及长江以南的地区,夏季温度很高,尽管降雨较多,因高温不利于病菌孢子囊的萌发和侵入,因此发病常较北方轻。

霜霉病的发生常与土壤含水量有关,在大豆鼓粒期,土壤相对含水量高达 80% 以上的,发病重,在 60% 以下的发病轻。

霜霉病的发生与危害程度还与品种有关。种植抗病品种,病害发展的速度减慢,反之,病情发展也快。

【防治措施】

1. 抗病育种 霜霉病与锈病菌一样,寄生性很强,培育抗霜霉病的品种常较培育抗兼性寄生菌,特别是抗腐生能力强的寄生菌所引起的病害的品种有很多有利条件。但是,霜霉病菌同样也存在不同的生理小种。国外报道已有 23 个生理小种。当前应积极开展抗霜霉病的育种工作。

当前应对现已推广的品种进行调查,在霜霉病发生严重的地区推广较为抗病的品种。吉林省较抗病的品种有早丰 5号、白花锉、九农 9 号、九农 2 号;在黑龙江省发病较轻的品种有丰收 2 号、丰地黄、合交一号、东农 16、公交 71 等。

2. 种子消毒 严格选种,清除病粒,既能减少苗期发病,又能减少成株期病菌来源。如能从无病田或发病轻的豆田选种更为有利。药剂拌种是消灭种子上带菌的有效方法,较好的拌种剂为 50% 福美双,用量为种子重量的 0.5%;50% 四氯对苯醌或 65% 福美特、70% 敌克松,用量为种子重量的0.3%。

3. 药剂防治 要在病害发生时立即喷药,而且要喷得均匀周到。据黑龙江农垦大学试验,较好的药剂有 65% 代森锌可湿性粉剂 500 倍液,50% 退菌特可湿性粉剂 800 倍液,亦可用 160 倍等量式波尔多液,50% 福美双可湿性粉剂 500～1000 倍液,75% 百菌清可湿性粉剂 700～800 倍液。至少要喷 2 次,每 667 平方米用稀释液 75 升左右。

4. 农业技术防病 轮作,增施磷、钾肥和及时排除豆田积水,均可减轻发病。

二、大豆病毒病

大豆主要产区普遍发生病毒病害,世界报道能侵染大豆的病毒病已有 50 多种,病毒病害中,大豆花叶病毒病普遍发生。花生产区种植大豆常发生花生条纹病毒病,或和大豆花叶病毒复合感染。局部地区大豆田发生大豆矮化病毒。其他大豆病毒病多为零星发生。

(一)大豆花叶病毒病

【分布与危害】 大豆产区,大豆花叶病毒病的侵染区在70%～95%或以上,全国各地均有发生。植株被病毒侵染后的产量损失,根据种植季节、品种抗性、侵染时期及侵染的病毒株系等因素而不同,常年产量损失 5%～7%,重病年损失10%～20%,个别年份或少数地区产量损失可达 50%。病株减产因素主要是豆荚数少,降低种子百粒重、萌发率、蛋白质含量及含油量,并影响脂肪酸、蛋白质、微量元素及游离氨基酸的组分等,病株根瘤显著减少。种子病斑的形成,主要因素是病毒感染,降低种子商品价值。

【症　状】 花叶病毒病的症状因品种、植株的株龄和气温的不同,差异很大。

轻病株叶片外形基本正常,仅叶脉颜色较深;重病株则叶片皱缩,向下卷,出现浓绿、淡绿相间,起伏呈波状,甚至变窄狭呈柳叶状。接近成熟时叶变成革质,粗糙而脆。

播种带病种子,病苗真叶展开后便呈现花叶斑驳。老叶症状不明显,到后期,病株上出现老叶黄化或叶脉变黄现象。

在感病品种上,受病 6～14 天后出现明脉现象,后逐渐发展成各种花叶斑驳,叶肉隆起,形成疱斑,叶片皱缩。严重时,植株显著矮化,花荚数减少,结实率降低。在抗病力强的品种上症状不明显,或仅新叶呈轻微花叶斑驳。病株矮化的现象仅出现于种子带毒和早期感毒而发病的植株,后期由蚜虫传播而发病的植株不矮化,只新叶出现轻微花叶斑驳。花叶症状还与温度的高低有关,气温在 18.5℃ 左右,症状明显,29.5℃时症状逐渐隐蔽。

感染大豆花叶病毒病的植株种子有时种皮着色,其色泽常与脐色有关。脐色为黑色的则出现黑斑;脐色为黄白色的,则出现浅褐色斑,种皮为黑色而脐为白色的,则呈现白色斑。特征:病叶呈皱缩花叶斑驳,病粒自脐部向外产生放射形褐色斑纹。

【病　原】　大豆花叶病的病原为大豆花叶病毒,属马铃薯 Y 病毒组(Poly virus group),是大豆主要的种传病毒。病毒颗粒线状分散于细胞质和细胞核中,大多在 650～750 纳米×18 纳米,平均 700 纳米×16 纳米左右,病毒钝化温度为 55℃～60℃,有的分离物可达 66℃,稀释终点 10^{-3}～10^{-6},病液在常温条件下,根据不同分离物,侵染性为 3～14 天,钝化 pH 值小于 4 大于 9,感染 2～3 周病叶细胞内产生内含体为风轮状,大小为 12～14 纳米,病毒核酸的含量 6%～7%,核酸分子量为 $6.5×10^6$ 道尔顿。

【寄主范围】　国内、外报道大豆花叶病毒侵染自然寄主主要是大豆(*Glycine max*),现将已报道人工接种能侵染大豆花叶病毒的寄主植物介绍如下。

系统侵染寄主有望江南、刀豆、猪屎豆、镰状扁豆、托叶胡枝子、条纹胡枝子、白花羽扁豆、黄花羽扁豆、长序菜豆、利马豆、黑色菜豆、菜豆、大果田菁、绒毛鳖豆、蓝花葫芦巴、葫芦巴、蚕豆。

局部侵染寄主有花生、黄芪、苋色藜、白色藜、昆诺藜、瓜尔豆、双花扁豆、白花扁豆、硬毛木蓝、长序菜豆、利马豆、菜豆、绿豆、豇豆、长豇豆、豌豆、千日红。

无症状带毒寄主有窄叶羽扁豆、欧洲百脉根、菜豆、克里芙兰烟、芝麻。

【侵染循环及发病条件】

1. 侵染循环 大豆花叶病毒在种子内越冬,病毒存在于成熟种子的胚部和子叶内,成为初次侵染来源。播种带毒种子,幼苗即可发病,尔后发展成系统性侵染,称为第一次侵染。种子带毒率的高低因大豆品种和大豆被侵染的时期不同而不同,平均 30％左右,高达 70％（种子带毒在 4％～77.5％之间者亦有报道）。大豆的褐斑粒与病毒一般呈正相关,即病毒高的褐斑粒率也高,但也有病毒高而褐斑粒率不高的,或褐斑粒率高的,而病毒并不高的现象存在。

在田间,病毒扩大再侵染,亦称第二次侵染,主要是通过大豆蚜、豆长须蚜、马铃薯长须蚜、桃蚜（*Myzus persicae*）和蚕豆蚜等的传播。蚜虫在病株上取食 30 分钟后,移置到健株上 30 分钟就可传毒。但已带毒的蚜虫经取食其他作物后病毒就会消失。如以马铃薯长须蚜作试验,当其在不加害作物的情况下,病毒在虫体内可保存 8.5 小时。在这段时间内,经 1 次加害大豆或非这一病毒能侵染的马铃薯等植物,病毒即已消失。

2. 发病条件 病毒病的发生除与种子带毒量有关外,在田间直接与传毒昆虫的数量有关,与有翅蚜迁飞的关系尤其密切。高温、干旱有利于蚜虫的活动和病毒的繁殖,发生就重。一般是在有翅蚜出现高峰期后 15 天左右,田间普遍发病。

此外,大豆品种对花叶病的抵抗性有明显的差异,感病品种不仅植株受害重,病株率高,产量和品质均受影响。

【防治方法】 根据病毒病原特征及已知流行因素,可采取下列防治措施。

1. 种植抗病毒品种 各地大面积推广的改良品种,大多数对大豆花叶病毒有一定抗性,一般均在中抗以上,改良品种在连年种植过程中,发现病毒逐年严重,是种植品种抗性衰退,或是当地侵染病毒株系的变化引起的,应对改良品种提纯复壮或改种适合当地的抗病品种。

2. 建立无毒种子田 侵染大豆的病毒,很多能经大豆种子播种传播,因此种植无毒种子是防治病毒病的重要的有效防治方法,无毒种子田要求在种子田 100 米以内无该病毒的寄主作物(包括大豆)。种子田在苗期去除病株,后期收获前发现少数病株也应拔除,收获种子要求带毒率低于 1%。病株率高,或种子带毒率高的种子,不能作为翌年种植种子用。

3. 防蚜治蚜 侵染大豆病毒在田间流行主要通过蚜虫传播,传播田间病毒又主要是迁飞的有翅蚜,且多是非持性的传毒,因此采取避蚜或驱蚜(即有翅蚜不着落于大豆田)措施比防蚜措施效果好。目前最有效方法是苗期即用银膜覆盖土层,或银膜条间隔插在田间,有驱蚜避蚜作用,可在种子田使用,大豆后期发生蚜虫,应及时喷施杀蚜剂,并应注意几种杀蚜药剂交替使用,防止多次使用一种药剂,使蚜虫产生抗药性。

4. 加强种子检疫 侵染大豆的病毒有较多的种传病毒,因此,加强种子检疫尤为重要。我国大豆种植面积大,品种多,种植季节及方式、地理气候条件差异很大,病毒对大豆适应条件众多,利于病毒产生侵染性分化,形成不同毒株。因此,在各地调种或交换品种资源,都会引入非本地病毒或非本地病毒的株系,这种大豆种子引入,必然造成大豆病毒病流行的广泛性及严重性,因此引进种子必需隔离种植,要留无病毒株种子,再作繁殖用,检疫及研究单位要加强检验病毒病的措施及采取有效的防治措施。

(二)大豆矮化病毒病

【分布与危害】 大豆矮化病毒病是我国大豆生产中主要的病毒病害之一,主要分布在吉林、辽宁、山东、安徽、湖北、江苏、云南、北京及上海等地。

【症 状】 种传病苗呈现单叶扭曲或叶脉坏死,田间病株叶大多为斑驳花叶、皱缩花叶或小叶,畸形丛生,早期侵染植株矮化。

【病 原】 该病由黄瓜花叶病毒组(Cucumovirus group)黄瓜花叶病毒(Cucumber mosaic virus)大豆矮化株系引起的病毒病害。病毒颗粒为多面体,直径约 28~30 纳米,2 个分离物 SSV1 及 SSV2 毒株的致死温度分别为 60℃~65℃,45℃~50℃,稀释终点为 10^{-3}~10^{-4},10^{-2}~10^{-3};体外存活 4~5 天,3~4 天(温室)。

【寄主范围】 人工接种可侵染 30 多种植物,分属豆科、藜科及茄科等,2 个病毒株系寄主。

【防治方法】 同大豆花叶病毒病。

(三)花生条纹病毒病

【分布与危害】 在大豆上发生的花生条纹病毒病多在花生产区种植花生地附近的大豆田。主要分布于山东、河南、江苏、四川、湖北、云南、贵州等地。人工接种病毒侵染感病植株区试验,结果比健株区产量损失53%。

【症　状】　人工接种病毒于大豆上,多数品种表现花叶及轻花叶,少数品种呈现重花叶或斑驳花叶。

【病原及寄主范围】　该病害病原是花生条纹病毒(Peanut Stripe Virus,简写Pstv)。病毒颗粒线状,长750～775纳米,宽12纳米左右。病毒在病组织细胞质内产生卷桶型风轮状内含体。致死温度55℃～60℃,稀释限点 10^{-3}～10^{-4},存活期限4～5天(温室15℃)。除花生、大豆、芝麻和鸭跖草外,在人工接种条件下,该病毒还系统侵染决明、昆诺藜、苋色藜和灰藜等寄主植物。

【传播方式及介体】　病汁液及蚜虫非持久性传毒。蚜虫种类主要有花生田有翅蚜迁飞到大豆田,传毒率高的蚜虫有豆蚜及桃蚜,其次为大豆蚜。该病毒在大豆种子不传毒。

【防治方法】　同大豆花叶病毒病。

三、大豆灰斑病

【分布与危害】　大豆灰斑病分布很广泛,几乎遍及世界各个大豆栽培区。曾先后在日本、中国、美国、澳大利亚、加拿大、巴西、朝鲜、德国、俄罗斯等国发现。国内各大豆区均有分布,不同的地区和年份发病程度不同,在东北以黑龙江省东部三江平原发生程度较重。灰斑病除为害叶片、降低光合作用,致使提前落叶造成产量损失外,还严重地影响大豆的品质。据黑龙江省农业科学院合江农科所分析,灰斑子粒中脂肪含量降低2.9%,蛋白质含量降低1.2%,百粒重降低2克左右,而且大豆灰斑病在种子上形成褐斑粒,严重影响出口,如

1985 年合江地区 3.5 亿千克大豆中有 2.5 亿千克因感病子粒率高而不能出口,所以大豆灰斑病已对大豆生产特别是黑龙江省三江平原地区已构成极大威胁。

【症　状】　灰斑病可危害子叶、叶片、茎、荚和豆粒。

1. 幼苗　幼苗子叶上的病斑为圆形、半圆形或椭圆形,深褐色,略凹陷。天气干旱时病斑常不扩展;苗期低温多雨,子叶上的病斑迅速扩延至幼苗的生长点,使幼苗顶芽变褐枯死。

2. 叶片　成株期叶片病斑圆形、椭圆形或不规则形,中央灰色,边缘褐色,病斑与健全组织分界明显。气候潮湿时,病斑背面生有密集的灰色霉层,为病菌的分生孢子及孢子梗。病斑刚出现时为红褐色小点,以后逐渐扩大,严重时叶片布满斑点,互相融合,使叶片干枯脱落。

3. 茎秆　茎上病斑圆形或纺锤形,灰色,边缘黑褐色,并有不太明显的霉状物。

4. 豆荚　荚上病斑圆形或椭圆形,扩大可呈纺锤形,灰褐色。

5. 豆粒　粒上病斑轻者只产生褐色小斑点,重者病斑圆形或不规则形,灰褐色,边缘暗褐色,中部为灰色,严重时病部表面粗糙,可凸出种子表面并生有细小裂纹。

【病　原】　大豆灰斑病菌为半知菌亚门,尾孢属,危害幼苗叶片、豆荚、子粒,子叶上病斑圆形,深褐色有裂纹。病菌的分生孢子梗生于病叶正反两面,以背面为多,无子座或子座较小,分生孢子梗 5 ～12 个束生,淡褐色,上下色泽均匀,不分枝。有时顶端稍狭,正直或具有 1～8 个膝状节,隔膜 0 ～5 个,顶端近截形至圆形,孢痕显著,梗的大小为 51 ～128 微米×5～6 微米。分生孢子倒棒形、圆柱形,无色透明,通常正直,基部近截形至倒圆锥截形,顶端略钝至较圆,隔膜 1～9 个,大小为 19～80 微米×3.5～8 微米。

【侵染循环与发病条件】

1. 侵染循环　大豆灰斑病菌以菌丝体在种子上和病残体上越冬。带菌种子和病残体是病害的初次侵染源。在秋季收集病叶将其用金属网贮存于室外,并将另一部分病叶埋于不同深度的土层里,第二年春季的不同时期检查叶上病菌的存活情况,到 2 月 27 日病斑上还可产生孢子,经萌发试验仍能产生芽管,5 月 2 日叶片已发生腐烂,叶片破碎得很不完整,但在病斑上仍可产生有生命力的孢子,能够萌发,具有侵染致病能力。

2. 发病条件　据报道,大豆子粒的褐斑率基本上与叶部病情指数无关,而主要取决于盛花期到豆荚盛长期的气候条件是否适合于病菌侵染和扩展。叶片上病斑数量、大小与气候有关。当温度适宜,平均气温在 19℃ 以上时病斑直径可达 3～4 毫米。当温度适宜,平均温度在 20℃ 以上和相对湿度在 80% 以上时,则潜育期短,病斑小,有的只有一个褐点,因而在大流行年份,叶片的病斑小而多。李本宁认为降雨和湿度条件是灰斑病流行极为重要的因素。尤其是病粒率的多少更是取决于荚盛长期——鼓粒中期的降雨量和降雨日数。这个时期降雨日数多,又有连续降雨,病粒率将会增高。损失会增加,而在无雨条件下,病荚及病粒率均明显降低。因病菌侵入豆荚后,在寄主体内扩展也要求有一定的湿度,如在长期无雨露条件下,豆荚虽受害,但病粒率仍会很低。

【寄主的抗病性】　据报道大豆灰斑病菌小种的分布是有区域性的,和地势、气候、品种有着密切关系。大豆各部位如叶片和豆荚的抗病性具有明显的相关性,叶片抗病者豆荚被害轻,病粒率低,鉴定品种抗性可以叶片为标准。对灰斑病的抗病育种方面,美国已育成的抗病品种在生产上已有推广使用,但有关育种方法还未见报道。姚振纯等认为来自不同原产地的野生大豆对灰斑病的抗性有显著差异。野生大豆资源中蕴藏着丰富的抗大豆灰斑病的抗原材料。

【防治方法】 大豆灰斑病初次侵染来源是病株残体和带菌种子。因此认真清除菌源,合理轮作,种植抗病品种及搞好预测预报。大发生年份及时喷药保护,可以减轻发生为害。

1. 农业防治 清除田间菌源,秋收后彻底清除田间病残体,及时翻地,把遗留在田间的病残体翻入地下,使其腐烂,可减少越冬菌源。进行大面积轮作,及时中耕除草,排除田间积水,对减轻病害作用很大。

2. 选种和种子处理 可用种子重量 0.3％的 50％福美双可湿性粉剂或 50％多菌灵可湿性粉剂拌种,能达到防病保苗的效果,但对成株期病害的发生和防治的作用不大。不同药剂对灰斑病拌种的保苗效果是不同的。福美双、克菌丹的保苗效果较好。

3. 药剂防治 经多年的多点试验,在多种药剂筛选中仍以 50％多菌灵或 70％甲基托布津可湿性粉剂 10 000 倍液,效果较好。在防治重点上有不同观点,有人主张防治重点放在叶部,可以压低叶部菌源,进而减轻荚部发病。

4. 选用抗病品种 品种不抗病是灰斑病经常大发生的重要因素。选用抗病品种是解决灰斑病经济而有效的措施。大豆的一般品种与抗病品种对灰斑病的抗病只是被害程度上的差异,但抗病品种表现单叶病斑少,病斑小受害轻。因此,选用抗病品种是防治灰斑病的一条很重要措施。当前较抗病的品种有垦农一号、合丰 27、合丰 28、合丰 29 等。还未发现免疫品种。

四、大豆紫斑病

【分布与危害】 大豆紫斑病分布于黑龙江、吉林、辽宁、河北、河南、山西、陕西、湖南、湖北、山东、江苏、浙江、广东、广西、甘肃等地。大豆紫斑病发生于叶片、豆荚等部位，得病后叶片早衰，种子带病且减产。种子感病后，重量降低 0.7%～10%，种子发芽率下降，田间保苗数受到影响，保苗率降低 10.5%～52.5%。

【症　状】 病害发生于叶片、荚、豆粒以及茎上。叶片上的病斑散生，初为圆形紫褐色小斑点，扩大则成为多角形或不规则形斑，边缘紫褐色，上生黑色霉状物，是病菌分生孢子梗和分生孢子；叶脉上的病斑紫褐色，长条形。茎上病斑梭形，初红褐色，后变灰黑色，上疏生霉层。荚上病斑灰黑色，近圆形或不规则形，大小不等，重者几乎覆盖种子的全部表面，微有裂纹；有的病粒不呈紫色，而是呈黑色或黑褐色——黑霉豆。

【病　原】 大豆紫斑病菌属半知菌亚门，子实体生于叶片两面，子座小，褐色，直径 19～35 微米；分生孢子梗束生，有的多至 23 根，褐色至暗褐色，顶端色淡，或上下颜色深浅一致，不分枝，多隔膜，0～2 个膝状节，顶端近截形，孢痕显著，大小 16～192 微米×4～6 微米；分生孢子鞭形，无色透明，正直至弯曲，基部截形，顶端略尖至略钝，隔膜不明显，极多，甚至可达 20 个以上，大小为 54～189 微米×3～5.5 微米。

豆粒病斑色泽分紫色和青黑色两种，两个菌系对大豆种子的致病力无差异，都能侵染大豆并使种皮变为美丽的紫色，而紫斑分离系在培养基中由于营养条件不同,形成红紫色以至青黑色的菌丝。认为大豆紫斑病有两个菌系。

【侵染循环与发病条件】

1. 侵染循环 大豆紫斑病菌以菌丝潜伏于种皮内或以子座在病株残体内越冬,带菌种子和病残体是该病的初侵染源。带病种子播种后,种皮上的病菌直接侵染子叶,在子叶上形成褐色云状斑;发病子叶上产生分生孢子,借风雨传播进行再侵染。在病残体上越冬的病菌,次年遇到环境适宜即产生分生孢子,直接侵染成株叶片。结荚后,病叶上的分生孢子危害豆荚,病荚上的菌丝穿过豆荚侵染种子,造成种子带病。

2. 发病条件 大豆紫斑病的发生和流行与菌源量的多少及温度的高低关系很大。种子带菌率高,子叶被害重;感病子叶又为田间发病提供侵染来源。紫斑病菌可在带病植株残体上越冬,故大豆连作的田内菌源多,病害也重。紫斑病菌菌丝生长发育适温为24℃~28℃,产生孢子的适温为16℃~24℃,最适温度为20℃;分生孢子萌发温度为16℃~33℃,最适温度为28℃。从病原真菌菌丝扩展蔓延和分生孢子萌发侵染来看,该菌要求的温度较高,结荚期温度25.5℃~27℃,再有多雨,紫斑病发生重。由于紫斑病菌要求较高的温度和高湿条件,所以该病在我国南方的危害性较北方大,如黑龙江等北方大豆产区紫斑病发生就很轻,浙江、福建、广东等地发生就重。

【防治方法】 根据紫斑病的初侵染来源和危害特点,该病的防治应做好处理越冬菌源和药剂保护。

1. 种子处理 带菌种子是发病初侵染来源之一,播前种子应进行处理,消灭种子上的病菌,既减轻幼苗被害又可减少田间菌源量。紫斑病粒症状明显,可根据病害在种子上的特征,人工拣出病粒,然后种子用药剂消毒,可用50％福美双可湿性粉剂拌种,剂量为种子重量的0.3％。

2. 轮作 采用与禾本科或其他非寄主植物2年轮作,可减轻受害。

3. 药剂防治 防治紫斑病的药剂有65％代森锌可湿性粉剂,50％苯菌灵可湿性粉剂,常用浓度为400～500倍稀释液。发病初期开始喷药,至少2次,每667平方米喷洒药剂溶液75升。

4. 种植抗病品种 自然感病条件下发病较轻的大豆品种有黑龙江41号、铁丰19号、丰地黄、跃进2号、跃进3号、徐州424、沛县大白角、京黄3号、科黄2号、文丰3号、文丰4号、文丰5号、文丰7号、文丰15号、九农5号、九农9号、牛毛黄和西农65(9)等。

第四章　大豆主要害虫及其防治

大豆生产中常常受到各种害虫的为害,并且会造成严重的产量损失。害虫可以为害大豆各个部位。为害大豆叶、荚的害虫有大豆红蜘蛛、大豆食心虫、大豆草地螟、大豆蚜、豆荚螟等;在大豆根部取食并造成危害的有大豆蛴螬、大豆根潜蝇、地老虎等。除此之外豆芫菁、豆秆蝇、豆天蛾、大豆造桥虫、大豆瓢虫等也都在不同地区发生不同程度的危害。这些害虫的多数种类往往又能为害其他豆类作物等。

第一节　大豆叶荚害虫

一、大豆红蜘蛛

大豆上发生为害的红蜘蛛是棉红蜘蛛 *Tetranychus cinnabrinus*(Boisduval),也叫做朱砂叶螨,属蜱螨目,叶螨科,俗名火龙、火蜘蛛。

【分布及为害】　大豆红蜘蛛分布广泛,大豆产区均有分布,东北的黑龙江省受害较重。

大豆红蜘蛛的成虫、若虫均可为害大豆,在大豆叶片背面吐丝结网并以刺吸式口器吸食叶汁,受害豆叶最初出现黄白色斑点,种苗生长迟缓,矮小,叶片早落,结荚数减少,结实率降低,豆粒变小,受害重时使大豆植株全株变黄,卷缩,枯焦,如同火烧状,叶片脱落甚至成为光秆。

【形态特征】 如图 4-1 所示。

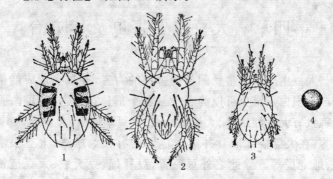

图 4-1 大豆红蜘蛛
1. 雌成螨　2. 雄成螨　3. 若螨　4. 卵

1. 成虫 雌虫背面观呈卵圆形,体长约 0.5 毫米,宽约 0.3 毫米。春、夏活动时期虫体通常呈淡黄色或黄绿色,眼的前方呈淡黄色。从夏末开始出现橙色个体,深秋时橙色个体增多,为越冬雌虫。体躯两侧各有黑斑 1 个,其外侧 3 裂,内侧接近体躯中部,极少向体末延伸者。雄虫背面观略呈菱形,体长约 0.4 毫米,宽约 0.2 毫米,体色与雌虫同。

2. 卵 圆球形,直径约 0.1 毫米,初产时透明无色,或略带乳白色,后转变为橙红色。

3. 幼虫 体近圆形,长约 0.15 毫米,宽约 0.1 毫米。体色透明,取食后体色变为暗绿色,足 3 对。

4. 若虫 分为第一若虫及第二若虫,均具足 4 对。第一若虫体长约 0.2 毫米,宽约 0.15 毫米,体略呈椭圆形,体色变深,体侧露出较明显的块斑。第二若虫仅雌虫有,体长约 0.4 毫米,宽约 0.2 毫米。

【生活史及发生规律】

1. 生活史 大豆红蜘蛛在黑龙江省、辽宁省 1 年约发生 10～15 代,华北地区 20 代。在棉花产区发生代数比较复杂,与寄主植物及气候条件密切相关。

大豆红蜘蛛以成虫在寄主枯叶下、杂草根部或土缝里越冬,翌年 4 月中下旬成虫开始活动,先在小蓟、小旋花、蒲公英、车前草等杂草上繁殖为害,6～7 月转移到大豆上为害,7 月中下旬到 8 月初随着气温增高,繁殖速度加快,迅速蔓延,进入为害盛期。6～7 月高温,持续干旱无雨达 14 天以上,大豆红蜘蛛繁殖最快,为害也重。8 月中旬后逐渐减少,到 9 月份随着气温下降,成虫开始相继迁移到杂草根部或枯枝残叶中,10 月份进入越冬状态。

2. 发生规律 大豆红蜘蛛每一世代所需时间,因温、湿度条件不同变化很大。6～7 月高温,干旱持续时间长时繁殖最快,为害也重。其繁殖最适宜的温度是 28℃～30℃ 之间,超过 32℃ 时,对其繁殖不利,超过 34℃,则停止繁殖。6～8 月份的降雨量和降雨强度对红蜘蛛的发生有密切关系。降雨量多,降雨强度大,对红蜘蛛有抑制作用。低温、多雨、大风对大豆红蜘蛛的繁殖不利。

大豆红蜘蛛成虫喜群集于大豆叶片背面吐丝结网并为害。卵散产于豆叶背面丝网中。雌虫 1 生可产卵 70～130 粒。卵期 10 天左右,即可孵化为幼虫。幼虫及 1 龄若虫体小而弱,不甚活动。2 龄若虫则很活泼,食量也大,善于爬行转移,有时亦可随风传播扩散。

【预测预报方法】 从大豆苗出土开始,选择代表性田块,每 5 天查 1 次,每块田固定 10～20 株,苗期全株调查 7 片真叶,后抽查上中下 3 个叶片,折算每株虫数,分别记载成、若螨和卵数,计算出每株虫口数,并记载叶片出现黄白斑情况及卷叶株率。结合气象情况,作出红蜘蛛虫口消长的预报。根据大豆红蜘蛛在田间的发生特点,应在其发生初期开始防治,即发现大豆植株有叶片出现黄白斑为害状,田间红蜘蛛处于点、片发生阶段,大豆卷叶株率达 10% 时,即应喷药进行防治。

【防治措施】

1. 农业防治法

第一,保证保苗率,施足底肥,并要增加磷、钾肥的施入量,以保证苗齐苗壮,增强大豆自身的抗红蜘蛛为害能力。

第二,及时进行铲蹚除草,防止草荒,大豆收获后要及时清除豆田内杂草,并及时翻耕,秋整地,消灭大豆红蜘蛛越冬场所。

第三,合理轮作。

第四,合理灌水,或采用喷灌,可有效抑制大豆红蜘蛛繁殖。

2. 药物防治法 防治方法按防治指标以挑治为主,即哪里达到防治指标就防治哪里,重点地块重点防治。不但可以减少农药的使用量,降低防治成本,还可以提高防治效果。

可选用 20% 扫螨净可湿性粉剂 2 000 倍液,或 24.5% 多面手 1 500 倍液进行叶面喷雾防治。田间喷药最好选择晴天 16:00～19:00 时进行,重点喷施大豆叶片的背面。喷药时要做到均匀周到,叶片正、背面均应喷到,才能收到良好的防治效果。

二、大豆食心虫

大豆食心虫 *Leguminivora glycinivorella* （Mats.）Obraztsov 属鳞翅目，小卷叶蛾科，别名大豆蛀荚蛾、豆荚虫、小红虫。

【分布及为害】 大豆食心虫是我国北方大豆产区的重要害虫，以幼虫蛀入豆荚食害豆粒，常年虫食率为 10%～20%，严重时可达 30%～40%，甚至可高达 80%，而且影响大豆的品质，降低等级。分布于东北、华北、西北和湖北、安徽、江苏、浙江等地，以东北三省、河北、山东的大豆受害较重。大豆食心虫的食性较单纯，主要为害大豆。野生寄主有野生大豆及苦参等。

【形态特征】 如图 4-2 所示。

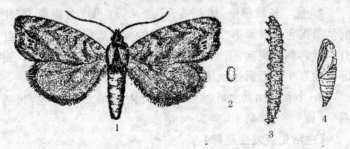

图 4-2 大豆食心虫
1. 成虫 2. 卵 3. 幼虫 4. 蛹

1. 成虫 暗褐色或黄褐色小蛾，体长 5～6 毫米，翅展 12～14 毫米。前翅灰、黄、褐色杂生。前缘有向外斜走的 10 条左右黑紫色短斜纹，形成黄褐线条相间，略具光泽。外线近顶角下方向内略凹，稍下有银灰色微带闪光的长椭圆形斑 1

个,再往下有 3 个黑色小斑,上下横列成 1 纵行。后翅前缘银灰色,其余为暗褐色。雄蛾前翅色较淡,有翅缰 1 根。腹部末端较钝,具抱握器和显著毛束。雌蛾色较深,有翅缰 3 根,腹部末端纺锤形,产卵管突出。

2. 卵　稍扁平椭圆形,略有光泽,刻纹不明显,长径 0.42～0.61 毫米,短径 0.25～0.27 毫米。初产乳白色,2～3 天变黄色,4～5 天变橘红色,中间可看到一半圆形红带,孵化前红带消失。

3. 幼虫　共分 4 龄,初孵幼虫淡黄色,入荚蜕皮后变为乳白色,2 龄尾部有褐色小圆斑,3 龄体色黄白,各节背面生有黑色刻点和稀疏短黄毛,尾端仍见明显褐色圆斑,末龄先呈浅黄,渐变鲜红,刻点和圆斑均消失,仅留稀疏短黄毛。脱荚入土后体色变为杏黄色。末龄幼虫体长约 8～9 毫米,略呈圆筒形。

4. 蛹　长纺锤形,体长 5～7 毫米,红褐或黄褐色,羽化前呈黑褐色。腹部第二节至第七节的背面近前缘和近后缘处有一横列刺状突起,第八节至第十节仅有 1 列较大的刺。腹部末端有半弧形锯齿状尾刺 8～10 根。

5. 土茧　由幼虫吐丝而成,茧外附有泥土,呈土色,长椭圆形,长 7.5～9 毫米,宽 3～4 毫米。

【生活史及发生规律】

1. 生活史　东北地区越冬幼虫一般于翌年 7 月中旬开始破茧而出,陆续爬至土表结茧化蛹,7 月下旬至 8 月上旬为化蛹盛期。化蛹前上升到土表 3 厘米以内,3 厘米以下化蛹的极少,也不能正常羽化出土。蛹期约 12 天,成虫于 7 月下旬至 9 月上旬出现,盛期在 8 月中旬。成虫有趋光性,飞翔力不强,1 次飞行一般不超过 6 米。早期以雄蛾为多,后期则雌蛾为多,盛发期性比约为 1:1,在田间有成团飞舞现象,可作为测定成虫盛发期的标志。产卵期 5 天左右,产卵最适温度为 20℃～25℃,相对湿度为 90%,卵期自 8 月上旬至 9 月初,8 月中下旬为产卵盛期。卵期约 1 周,初孵幼虫行动敏捷,幼虫多从豆荚边缘合缝附近蛀入,幼虫在豆荚内为害 20～30 天后老熟(4 龄),正值大豆已经成熟,约在 9 月上中旬开始脱荚,9 月下旬为脱荚盛期。幼虫脱荚后即入土作茧越冬。残留幼虫仍能大批脱荚,随割随运走可减少豆茬地越冬虫量。场院豆垛底部往往有较大量幼虫,可爬至附近土内越冬,成为来年虫源之一。

2. 发生规律 大豆食心虫在我国各地 1 年均发生 1 代,以末龄幼虫在土内作茧越冬。各虫态出现时期因地区和年度不同而稍有变动。东北三省发生期大致相近,山东、湖北、安徽各省发生期稍晚。

山东和安徽各虫态发生期相近,越冬幼虫于 7 月下旬至 8 月上旬上升至土表化蛹,8 月上中旬为化蛹盛期,8 月中下旬出现成虫。8 月下旬为产卵高峰期。8 月末至 9 月初为孵化盛期,幼虫在荚内为害 21～25 天,长的可达 30 天,9 月下旬至 10 月上旬末龄幼虫脱荚入土。

湖北江汉平原,越冬幼虫于 8 月下旬化蛹,9 月上旬大量羽化为成虫,9 月上中旬孵化为幼虫,为害中晚熟夏大豆,10 月上中旬脱荚入土越冬。

【预测预报方法】 目前各地推行的主要是对大豆食心虫发生期的预测,用以指导适期防治。于成虫发生时期,田间观察飞翔的蛾团数及每团蛾量,如蛾量骤增出现集团飞翔和见到少数成虫交尾时,即为成虫已进入发生盛期,应立即发出防治预报。在此高峰期前后各 3 天左右是防治成虫的适期。

成虫高峰期后7~10天为幼虫入荚盛期,在入荚盛期前为防治幼虫适期。药剂防治成虫的适期在东北大致为8月12~18日,山东、安徽可适当推迟。幼虫防治适期东北约在8月20~22日左右,山东、安徽可在8月末到9月初。湖北江汉平原防治成虫和初孵幼虫适期约在9月5~15日。

【防治措施】 对大豆食心虫当前采用农业技术结合药剂和生物防治的综合防治措施。

1. 农业防治法

(1)选用抗虫或耐虫品种 大豆对食心虫的抗性表现在两方面。一是回避成虫产卵,二是使入荚幼虫死亡率高。在应用中应因地制宜,选用虫食率低、丰产性好的品种。

(2)合理轮作 增加虫源地中耕次数,应尽可能避免重茬。增加虫源地中耕次数,特别是在化蛹和羽化期增加铲蹚,可减少成虫羽化,减轻为害。

(3)翻耕豆茬地 大豆收割后进行秋翻秋耙,能破坏幼虫的越冬场所,提高越冬幼虫死亡率。

(4)及时耕翻豆后麦茬地 豆茬地如播种小麦,在东北地区当春小麦收割后正值幼虫上移化蛹和羽化期,随即翻耕麦茬,可大量消灭幼虫和蛹,降低羽化率。

2. 药物防治法 在成虫发生盛期及幼虫孵化盛期前用化学杀虫剂可防治成虫和初孵幼虫。

第一,成虫产卵高峰期(8月20日左右)叶面喷洒菊酯类药剂,利用触杀、胃毒作用防治成虫,减少蛾量,降低为害。发生盛期到幼虫孵化期,把喷头置于植株下部垄沟内,向荚和叶进行药液喷雾,利用触杀和胃毒作用,防治成虫和幼虫。常用药剂及每公顷用药量为2.5%功夫乳油300毫升,5%来福灵乳油300毫升,20%速灭杀丁乳油450毫升,30%速克毙450

毫升,20％甲氰菊酯乳油300毫升。均可稀释为1000～2000倍液喷雾。

第二,40％毒死蜱乳油是防治大豆食心虫的较好药剂,其防效较高,对大豆安全,持效期可在7天以上。药剂用量为1200～1800毫升/公顷。

第三,大豆封垄时用敌敌畏熏蒸成虫。每公顷可用80％敌敌畏乳油1.5～2.5千克(间作豆地药量应适当加大),稀释5倍,浸泡50个玉米穗轴插入大豆行间即可。或以同等药量拌麦糠250～350千克,撒施于垄沟中,效果均达90％以上。但此法不宜用于高粱大豆间作地。因敌敌畏对高粱有药害。现生产上还用熏蒸片剂直接撒于大豆田,每公顷用药量约750粒。

3. 生物防治法

(1)利用赤眼蜂灭卵　于成虫产卵盛期放蜂1次,每公顷放蜂量30万～45万头,可降低虫食率43％左右。如增加放蜂次数,尚能提高防治效果。

(2)利用白僵菌防治脱荚越冬幼虫　室外小区试验可提高幼虫寄生率70％～100％,降低羽化率约50％～70％。大田试验可提高幼虫寄生率30％～36％,降低羽化率50％～70％。可于幼虫脱荚之前,每公顷用25千克白僵菌粉,每千克菌粉加细土或草灰9千克,均匀撒在豆田垄台上,落地幼虫接触白僵菌孢子,以后遇适合温湿度条件时便发病致死。

三、大豆草地螟

草地螟 *Loxostege sticticalis* Linnaeus 属鳞翅目,螟蛾科。别名甜菜网螟、黄绿条螟。

【分布及为害】 草地螟分布范围广,在欧、亚、北美草原及接近草原地带的南部发生严重。我国主要分布区是东北、西北、华北、江苏、西藏等地。有报道云南亦有草地螟分布。

幼虫食性极杂,嗜好豆科作物和甜菜,其他寄主植物有麻类、马铃薯、瓜菜类、玉米、高粱等。食物缺乏时,亦能侵害杨、柳、榆等木本植物。野生寄主有藜科、蓼科、苋科及菊科杂草。

初龄幼虫取食叶肉,残留薄壁,进而造成缺刻或孔洞,3龄后可啮尽叶片。严重时一株豆苗上可有数百头小幼虫,将叶片吃光,造成缺苗断垄,导致大量豆苗死亡,常常吃光一块地,集体迁移至另一块地。食物缺乏时,可成群迁移,势如粘虫,其为害不可忽视。

【形态特征】 如图4-3所示。

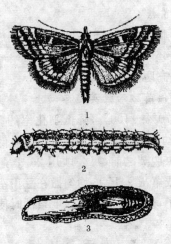

图 4-3 大豆草地螟

1. 成虫 2. 幼虫 3. 茧与蛹

1. 成虫 黑褐色中、小型蛾,体长10～12毫米,翅展

18～20 毫米,颜面突起呈圆锥形,下唇须向上翘起,触角丝状。前翅灰褐色,翅面有暗斑,外缘有黄色点状条纹,近前缘中后部有"八"字形黄白色斑,近顶角处有 1 长形黄白色斑;后翅灰色,沿外线有两条平行纹。静止时,两前翅叠成三角形。

2. 卵 椭圆形,长 0.8～1 毫米,宽 0.4～0.5 毫米,卵面略凸,初产呈白色,有光泽。

3. 幼虫 老熟幼虫体长 19～21 毫米,灰绿色。头部黑色有白斑,体背面及侧面有明显暗色纵带,带间有黄绿色波状细纵线。腹部各节有明显刚毛,刚毛基部有毛瘤,毛瘤黑色,有两层同心的黄白色圆环。

4. 蛹 体长 15 毫米左右,藏在袋状丝质茧内,茧上端有孔,以丝封住,茧外附有细碎砂粒。茧长 20～30 毫米。

【生活史及发生规律】

1. 生活史 1 代卵发生于 6 月上旬至 7 月下旬,卵期 4～6 天。1 代幼虫发生于 6 月中旬至 8 月中下旬,6 月下旬至 7 月上旬,是严重为害期。幼虫共 5 龄,历期约 20 天。1 代成虫 7 月中旬至 8 月为盛发期,9 月为末期。2 代幼虫于 8 月上旬至 9 月下旬发生,幼虫期 17～25 天,一般为害不大,陆续入土越冬,少数可在 8 月化蛹,再羽化为 2 代成虫,但不能产卵而死亡。

2. 发生规律 草地螟在我国每年发生 1～4 代,随地区而有不同,青海湟源每年发生 1 代;吉林及华北北部一般每年发生 2 代,第一代为害较重;陕西武功每年发生 3～4 代。各地均以老熟幼虫在土中结茧越冬,次年春季化蛹、羽化。越冬幼虫在茧内可耐−31℃低温,但春季化蛹时,因幼虫处于生理转换期,如遇气温回降,易被冻死,所以春寒对成虫发生量会有所抑制。成虫发生期,各年因气温高低而有迟早。一般都在 5 月上旬以后,盛发期距始见期约 12 天。成虫产卵前期 4～5 天。孕卵期间,如遇环境干燥,又不能吸食到适当水分,则会影响卵巢成熟,卵不能充分发育,产卵量减少,或引起卵巢退化而不能产卵。营养条件影响幼虫、蛹的生长发育及成虫产卵量。草地螟具有远距离迁飞的习性,我国北方虫源发生基地主要在山西雁北、内蒙古乌盟和河北张家口坝上地区。

【预测预报方法】 据黑龙江省农业科学院植保所崔万里(1999)经验,采用一测、二查、三看法进行预测预报,可对防治草地螟提供准确依据。

1. 一测 即在草地螟成虫开始羽化后,于 5 月下旬设置黑光灯诱蛾并记载灯下蛾量。高峰日蛾量在 1 000 头以下时为轻发生指标;1 000～5 000 头时为中发生指标(视蛾量多少还可分为中等偏轻或中等偏重);蛾量在 5 000 头以上时为大发生指标。

2. 二查 在蛾羽化峰期每日解剖雌蛾 20 头,检查卵巢发育进度,逐日统计各级卵巢数量及百分率。如果卵巢发育欠佳,抱卵少,为轻发生指标;卵巢发育良好,抱卵多,为大发生指标,10～15 天后应进行田间药剂防治。

3. 三看 即看发蛾期的环境条件。主要看温、湿度及蜜源。温、湿度较低且开花植物少,是轻发生指标,温、湿度较高同时开花植物多,蜜源丰富,是大发生指标。

田间幼虫量防治指标为 10 头/平方米(或 38 头/百株)。防治时应采取"挑治",只对达到防治指标地块进行防治,未达指标者可暂不防治。

【防治措施】

1. 农业防治法

第一,灌溉、秋翻和深耕,消除杂草荒滩,可减轻和抑制草地螟的发生和为害。

第二,在成虫产卵盛期后、卵未孵化前铲除田间杂草灭卵。

第三,在受害田块周围或草滩邻近农田处挖沟,或用药剂设置 4～5 米宽的隔离药带(用药量适当加大)。

2. 药物防治法

第一,15％阿·毒乳油 1 200 倍液、4.5％高效氯氰菊酯乳油 1 500 倍液、0.1％中农 1 号(斑蝥素)水剂 800 倍液、0.3％苦参素 4 号水剂 800 倍液,每公顷喷雾量 300 升左右,防效均好,持效期较长。

第二,25％绿色功夫乳油每公顷 300 毫升,或 48％乐斯本(毒死蜱)乳油每公顷 450～600 毫升,25％快杀灵每公顷450～600 毫升,2.5％敌杀死乳油每公顷 150～200 毫升,5％锐劲特悬浮剂每公顷 450 毫升,各对水 450～600 升喷雾,杀虫效果很好。

3. 物理防治法

第一,频振杀虫灯诱杀。在成虫发生期采用佳多频振杀虫灯诱捕成虫。每隔 240 米设一盏灯。

第二,采用黑光灯诱杀。成虫期在田间设置黑光灯,灯距300 米左右。

四、大豆蚜

大豆蚜 *Aphis glycines* Matsumura 属同翅目,蚜科,俗称蜜虫、腻虫、油虫等。

【分布及为害】 大豆蚜是大豆的重要害虫,以成虫和若虫集中于植株顶叶、嫩叶和嫩茎上刺吸汁液,严重时布满茎叶,亦可为害嫩荚。受害叶片卷曲皱缩,生长缓慢,植株矮小,分枝及结荚减少,豆粒千粒重降低,苗期发生重时致整株死亡。大发生年若未及时防治,轻则减产20%～30%,重则减产达50%以上。大豆蚜在我国主要大豆产区都有分布,且以东北和河北、河南、山东等地的部分地区受害为重。在栽培作物中仅为害大豆,也能为害野生大豆和鼠李。

【形态特征】 如图4-4所示。

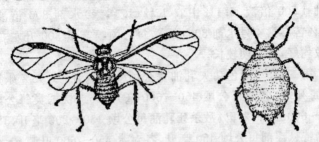

图4-4 大豆蚜有翅成蚜(左)和无翅成蚜(右)

1. 成虫 有翅孤雌胎生蚜,体长卵形,黄色或黄绿色。体长0.96～1.52毫米。体侧有显著的乳状突起,额瘤不显著,复眼暗红色。喙较长,超过中足基节。触角6节,约与体等长,灰黑色。腹管圆筒形,黑色,基部比端部粗两倍,具瓦片状轮纹。尾片黑色,圆锥形,中部略缢,生有2～4对长毛。

无翅孤雌胎生蚜,体长椭圆形,黄色或黄绿色,体长0.95～1.29毫米。体侧的乳状突起、额瘤、复眼和喙的特征均与有翅蚜相同。触角长度短于体长,无次生感觉孔,第五节末端及第六节基部和鞭部相接处各有1个原生感觉孔,第六节鞭状部长度约为基部的2～3倍。腹管黑色,圆筒形,基部稍宽,具瓦片纹。尾部圆锥形,中部缢缩,有3～4对长毛。

2. 若虫 特征似成虫。

【生活史及发生规律】

1. 生活史 春季 4 月间平均气温约达 10℃时,越冬卵开始孵化为干母(无翅胎生雌蚜,以后均孤雌胎生),取食鼠李芽,繁殖 1～2 代。5 月中下旬大豆苗出土后产生有翅胎生蚜,迁飞至豆田,为害大豆幼苗。在豆田繁殖 10 余代,气候适宜时,5 天即能发育成熟。6 月末至 7 月初是田间大豆蚜始盛期,7 月中下旬为盛期,可引起大豆减产。7 月末开始,因气候和营养等原因,大豆植株上出现体色淡黄的小型蚜,种群向植株下方移动,蚜量开始消退。8 月末至 9 月初为大豆蚜繁殖后期,产生有翅型性母蚜迁飞至越冬寄主鼠李上,并胎生无翅雌蚜,另一部分在大豆上胎生有翅型雄蚜,迁飞至越冬寄主,雌蚜与雄蚜交配后,寻找适当部位产卵并以卵越冬。

2. 发生规律 东北大豆产区大豆蚜一年中大致有 4 次迁飞及扩散,使大豆上的蚜量出现不同的消长变化。一般年份在越冬寄主上的越冬卵量较少,春季在越冬寄主上仅繁殖 1～2 代,第一次迁飞到豆田的蚜量不多,造成大豆苗的寄生率一般为 1%～3%,早期田间常呈点状发生。第二次既有鼠李上向大豆田的迁飞,也有在大豆田内迁飞,约在 6 月下旬,为扩散蔓延阶段,有蚜株率上升,发生较为普遍,但虫口密度尚不大。第三次是在 7 月中旬,正值大豆开花期,田间蚜量分布迅速扩散,单株蚜量剧增,如条件适宜,易出现严重为害。盛发期约有 50%～80%的蚜量群集在植株的生长点和幼嫩顶叶上。第四次迁飞在 9 月份,由豆田飞回越冬寄主。在东北地区,气候条件影响大豆蚜数量变动有两个阶段,一是 4 月下旬到 5 月中旬,如雨水充足,鼠李生长旺盛,则大豆蚜繁殖量大,向大豆田迁飞量大,反之则豆田发生轻;另一阶段是 6 月下旬至 7 月上旬,为大豆蚜发生始盛期,若旬平均气温达

20℃～24℃,旬平均相对湿度在 78% 以下,则有利于蚜量的增长,湿度高或雨量大则对种群数量有抑制作用。7 月下旬一般雨量大,高温多湿,蚜量较低。

【预测预报方法】

1. 中、长期预测 可根据越冬寄主上的卵量、孵化率调查及第一次迁飞初期蚜量的调查,并结合当地历年发生规律进行比较和分析,可初步估计发生规模。

2. 短期预测 6 月上旬至 7 月上旬在田间调查蚜量,如 6 月 25 日前后寄生株率达 5%,蚜量较多,结合短期天气预报和天敌数量分析,如有大发生可能应准备进一步预测预报,如 6 月下旬蚜量仍无消退,气候适宜,天敌比例低于 1:40,有为害趋重的可能,应发出防治预报;如该期间内有蚜株率达 50%,百株蚜量达 1 500 头以上,旬平均气温在 22℃ 以上,旬平均相对湿度在 78% 以下,应立即进行防治。

【防治措施】

1. 苗期预防 4% 铁灭克颗粒剂或 3% 呋喃丹颗粒剂播种时沟施,用量均为 30 千克/公顷(不要与大豆种子接触),可防治苗期蚜虫,对大豆苗期的某些害虫和地下害虫也有一定防效。也可在苗期用 35% 伏杀磷乳油喷雾,用药量为 2 千克/公顷,对大豆蚜控制效果显著而不伤天敌。

2. 其他生育期防治 根据虫情调查,在卷叶前施药。20% 速灭杀丁乳油 2 000 倍液,在蚜虫高峰前始花期均匀喷雾,喷药量为 300 千克/公顷;15% 唑蚜威乳油 2 000 倍液喷雾,喷药量 150 千克/公顷;15% 吡虫啉可湿性粉剂 2 000 倍液喷雾,喷药量 300 千克/公顷;1%～3% 蜡蚧轮枝菌素溶液喷雾。

3. 采用抗虫品种及保护天敌 同大豆食心虫。

第二节　大豆根害虫

一、大豆蛴螬

蛴螬是金龟子幼虫的统称。大豆田的金龟子种类较多，最主要的是东北大黑鳃金龟 *Holotrichia diomphalia* Bates，属鞘翅目，金龟子科，俗称白地蚕。

【分布及为害】　东北大豆田主要是东北大黑鳃金龟，成虫可取食大豆的叶和茎，幼虫取食大豆根部，致使植株枯死和倒伏，为害严重时，整株成片死亡，导致产量严重损失。东北大黑鳃金龟食性复杂，嗜食大豆，也喜欢取食果树、林木、蔬菜及各种粮食作物，也取食多种杂草。

【形态特征】　如图 4-5 所示。

1. 成虫　体长 16～21 毫米，宽 8～11 毫米，黑色或黑褐色，具光泽。触角 10 节，鳃片部 3 节，黄褐色或赤褐色。前胸背板两侧弧扩，最宽处在中间。鞘翅长椭圆形，于 1/2 后最宽，每侧具 4 条明显纵肋。前足胫节具 3 外齿，爪双爪式，爪腹面中部有垂直分裂的爪齿。雄虫前臀节腹板中间具明显的三角形凹坑；雌虫前臀节腹板中间无三角坑，具 1 横向枣红色棱形隆起骨片。

2. 卵　长 2.5～2.7 毫米，宽 1.5～2.2 毫米，发育前期为长椭圆形，白色稍带绿色光泽；发育后期圆形，洁白色。

3. 幼虫　老熟幼虫体长 35～45 毫米，头宽 4.9～5.3 毫米，头部前顶毛每侧 3 根呈 1 纵列，其中 2 根紧挨于冠缝旁。肛门孔 3 裂缝状。肛腹片后部覆毛区中间无刺毛列只有钩毛

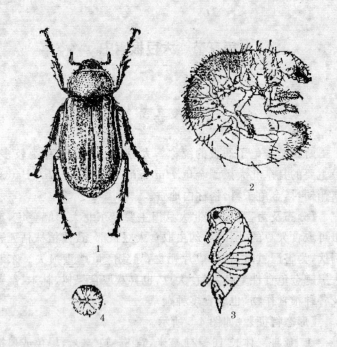

图 4-5　大黑鳃金龟

1. 成虫　2. 幼虫(蛴螬)　3. 蛹　4. 卵

群。

4. 蛹　为离蛹,蛹体长 21～24 毫米,宽 11～12 毫米。腹部具 2 对发音器,位于腹部 4,5 节和 5,6 节背部中央节间处。尾节狭三角形,向上翘起,端部具 1 对呈钝角状向后岔开的尾角。雄蛹尾节腹面基部中间具瘤突状外生殖器;雌蛹尾节腹面基部中间有 1 生殖孔,其两侧各具 1 方形骨片。

【生活史及发生规律】

1. 生活史　东北大黑鳃金龟大多是两年完成 1 代,以幼虫、成虫隔年交替越冬。在辽宁省,越冬成虫 4 月下旬至 5 月初始见,5月中下旬为盛发期,9月上中旬为终见期。成虫出土历时21～131天,平均63天,成虫取食大豆、粮食作物、果树和林木叶片,5月下旬开始产卵,6月中下旬为产卵盛期,末期可到8月中下旬。卵期15～22天,平均19天。6月中旬开始孵化,盛期在7月中旬前后。1龄幼虫期19～54天,平均25.8天,2龄19～49天,平均26.4天,8月上中旬幼虫开始进入3龄,10月中下旬开始进入土中,一般在55～145厘米深土层中越冬,越冬幼虫翌年5月上旬开始为害作物幼苗地下部分,为害盛期在5月下旬至6月上旬,3龄幼虫期平均307天,6月下旬开始化蛹,峰期8月中旬前后,末期在9月下旬,蛹期平均22天,8月上旬开始羽化,峰期8月下旬至9月初,末期为10月上中旬。羽化的成虫当年不出土,一直在蛹土室内匿伏越冬,直至翌年4月下旬才开始出土活动,如此反复。

2. 发生规律　大黑鳃金龟在东北、华北等地均是两年完成1代,成、幼虫为交替盛发。在辽宁,逢双数(2、4、6、8、0)年春,由于上年幼虫越冬量大,春季幼虫为害幼苗地下部分重;逢单数(1、3、5、7、9)年春,则上年成虫越冬量大,春季幼虫为害较轻,而成虫为害幼苗地上部却较重。

大黑鳃金龟成虫昼伏夜出,趋光性不强,不宜采用黑光灯预测。成虫取食对食物有选择,喜食大豆叶、羊蹄草及榆树叶等。成虫可多次交尾,分批产卵,交尾后10～25天开始产卵,每雌产卵量为32～188粒,平均102粒。

【预测预报方法】

1. 防治指标的调查　秋收后尚未秋翻前或早春,选择有代表性的耕地与非耕地,对角线或棋盘式取点,每点为1平方米,挖土深度30～50厘米。防治指标如下:平均每平方米有幼虫1头以下为轻发生,可不防治或采取挑点防治;平均每平方米有幼虫 1～3 头为中发生,应进行挑点或全面防治;平均每平方米有幼虫 3～5 头为重发生,应全面防治;平均每平方米有幼虫 5 头以上的地块为特重发生,应采取紧急防治措施。

2. 田间为害情况调查

(1)幼虫为害情况调查 掌握幼虫在田间为害始期,以便及时指导当地防治。一般在齐苗后调查 3 次,每次调查 10～20 个点,每点 0.5 平方米(或一定株数),计算被害株率。

(2)成虫发生期预测 在辽宁应从 5 月开始,吉林应从 5 月中旬开始,黑龙江应从 5 月下旬开始调查。根据成虫出土时间,于始见前进行田间调查,记录成虫数量,并用期距法推算防治佳期:成虫出土后的 10～15 天是最好的防治期;成虫出土后的 8～10 天,是越冬场所防治的最佳适期。

【防治措施】

1. 农业防治法 翻耕整地,压低越冬虫量;合理施肥,增强作物的抗虫能力;消除地边、荒坡、沟旁、田埂等荒芜状态,破坏金龟子的适宜生活场所。

2. 生物防治法 用活孢子含量为 1×10^9 个活孢子/克的乳状菌粉,用量为 3 千克/公顷,播前与底肥同时施用,或苗后苗眼施用,施后应及时覆土;用卵孢白僵菌 AB 菌株,施菌量 110～150 千克/公顷。

3. 药物防治法 75％辛硫磷乳油处理土壤,每公顷用量 20 千克,加适量沙土或水,播种时先均匀施于沟或穴中,然后播种覆土;50％辛硫磷乳油拌种,乳油 100 克,加水 10 升,拌种 100 千克;25％丁硫福悬浮种衣剂(种衣剂：种子＝1：60)拌种包衣,阴干后播种;5％丁硫克百威·毒死蜱颗粒剂,用量为 60 千克/公顷,在大豆出苗后的苗期进行苗眼施用,施后及时用薄土覆盖。

二、大豆根潜蝇

大豆根潜蝇 *Ophiomyia shibatsuji* (kato) 又叫豆根蛇潜蝇，属双翅目，潜蝇科。俗称大豆根蛆、豆根蛇蝇、潜根蝇等。

【分布及为害】　大豆根潜蝇主要分布于大豆主产区，在国内分布于河北、山东、山西、内蒙古及东北三省，从20世纪70年代开始为害逐年加重，其中以吉林、黑龙江、内蒙古最为突出。大豆根潜蝇主要在大豆苗期进行为害，食性单一，只为害大豆和野生大豆。幼虫在大豆苗根部皮层和木质部钻蛀为害，并排出粪便，造成根皮层腐烂，形成条状伤痕。受害根变粗、变褐、皮层开裂或畸形增生，幼虫的粪便和取食刺激韧皮组织木栓化，形成肿瘤，导致大豆根系受损伤而不能正常生长和吸收土壤中的各种营养成分。成虫刺破和舐食大豆幼苗的子叶和真叶，取食处形成小白点以至透明的小孔或呈枯斑状。

【形态特征】

1. 成虫　体长约3毫米，翅展1.5毫米，亮黑色，体形较粗。复眼大，暗红色。触角鞭节扁而短。末端钝圆。翅为浅紫色，有金属光泽。足黑褐色。

2. 卵　长约0.4毫米，椭圆形，白色透明。

3. 幼虫　体长约4毫米，为圆筒形、乳白色小蛆，进而全体呈现浅黄色，半透明；头缩入前腔，口钩为黑色，呈直角弯曲，其尖端稍向内弯。前气门1对，后气门1对，较大，从尾端伸出，与尾轴垂直，互相平行，气门开口处如菜花状。表面有28～41个气门孔。

4. 蛹　长2.5～3毫米，长椭圆形，黑色，前后气门明显突出,靴形,尾端有两个针状须(后气门)。

【生活史及发生规律】

1. 生活史 大豆根潜蝇 1 年发生 1 代,以蛹在大豆根部(大豆根瘤内)或被害根部附近的土内越冬,蛹期长达 10～11 个月之久。越冬蛹于翌年 4 月下旬地温逐渐升高、10 厘米深地温达 8℃以上,土壤湿度 35% 左右时开始发育,5 月末至 6 月初羽化为成虫,羽化盛期为 6 月中旬。蛹在土层中深度越深,羽化率就越低。5 月份气温高时,成虫出现要早 5～6 天,为害较严重。成虫羽化后 2～3 天即可交尾,当日就能产卵。一般在 6 月上旬开始产卵,产卵盛期为 6 月中旬。卵发育 3～4 天后开始孵化,孵化盛期为 6 月中下旬。孵化的幼虫沿茎下移。潜入根部钻蛀为害。幼虫期约 20 天,老熟幼虫于 6 月下旬开始化蛹越冬。6 月末至 7 月初为化蛹盛期,蛹在土壤中存活时间达 10 个月之久。

2. 发生规律 大豆根潜蝇的发生与环境条件密切相关,其发育的适宜温度为 20℃～25℃。终霜期晚、气温较高、土壤干旱时发生轻于气温低、土壤湿度大的年份。肥沃地块比瘠薄地块为害严重。岗地比洼地为害严重,坡地重于平肥地,砂质土壤重于棕壤土,靠近草荒地和连作的地为害严重。茬口不同,大豆根潜蝇发生程度也不同。重茬地越冬虫源数量较多,发生为害重;迎茬、正茬地发生较轻。秋季深翻或秋耙茬地块发生轻。秋季深翻 20 厘米以上,能把蛹深埋土中,降低羽化率,秋耙能把当年豆茬地地表下越冬蛹带到地表,经冬季长期低温和干燥的影响,死亡率增加。

【预测预报方法】 根据陈申宽等(2004)的研究,发生量预测可用下面方法进行预测预报。

1. 大发生指标 每平方米越冬蛹量在 20 头以上,羽化出蝇率在 70％以上；成虫盛发期 5 网捕蝇量在 50 头以上，植株被害率超过 76％以上，达到此项发生量，损失可达 20％以上。

2. 中发生指标　每平方米越冬蛹量在 10～20 头，羽化出蝇率在 60％～70％；成虫盛发期 5 网捕蝇量在 20～50 头，植株被害率达 50％～75％，产量损失在 10％～20％。

3. 轻发生指标　每平方米越冬蛹量在 10 头以下，羽化出蝇率在 60％以下；成虫盛发期 5 网捕蝇量在 20 头以下，植株被害率在 50％以下，损失在 10％以下。

【防治措施】

1. 农业防治法　实行 3 年以上轮作，降低虫源密度；采用秋深翻，以降低翌年羽化率；适时播种，当土壤温度稳定超过 8℃时播种，决不超过 5 月 20 日。播后镇压，播种深为 3～4 厘米。另外适当增施磷、钾肥，增施腐熟的有机肥，促进幼苗生长和根皮木质化，可增强大豆植株抗害能力。

2. 药物防治法

(1)土壤处理　用 3％呋喃丹颗粒剂处理土壤，每公顷用量 15～100 千克，拌细潮土撒施入播种穴或沟内，然后再播大豆种子。

(2)使用种衣剂　用含有呋喃(克百威)的种衣剂包衣，1 千克种衣剂拌种 90～100 千克；可用 8％甲多种衣剂或 35％多克福悬浮种衣剂，按种子重量 1.2％～2％进行种子包衣。

(3)药剂拌种　用 50％辛硫磷加多福合剂进行拌种，用水量为种子重量的 1％，加辛硫磷 0.15％～0.2％，加多福合剂 0.3％，在室内地板上用喷雾器边喷边搅拌种子，拌均匀为止。但要避开阳光直射，以防止辛硫磷光解，阴干后播种。

(4)用农药防治幼虫　80％敌敌畏乳剂 800～1 000 倍

液,或用90％晶体敌百虫700～1000倍液喷雾或灌根。灌根时一定要将药液渗透到根部。

(5)喷药防治成虫　在成虫盛发期,即大豆长出第一片复叶前,子叶表面出现黄斑,目测田间出现成虫时,可用40％乐果乳油或80％敌敌畏乳油1000倍液,也可用90％敌百虫700倍液喷洒,每公顷用药液750升左右。

(6)成虫发生期　用80％敌敌畏缓释卡熏蒸防治成虫。

第五章　大豆田主要杂草及其防除

杂草是农业生产的大敌。它是在长期适应当地的作物、栽培、耕作、气候、土壤等生态环境及社会条件下生存下来的，从不同的方面侵害作物，其表现如与农作物争水、肥、光能，侵占地上和地下部空间，影响作物光合作用，干扰作物生长；是作物病害、虫害的中间寄主，降低作物的产量和质量，影响人、畜健康，影响水利设施等。因此，应全面衡量当地的杂草状况，掌握其利弊，因地制宜地将杂草危害控制在最小的程度。

第一节　大豆田杂草发生概况和危害特点

一、大豆田杂草发生概况

大豆在我国有数千年的栽培历史，是主要油料作物，又是重要的副食品原料，在全国各地均有种植。由于种植地域跨度很大，自然条件复杂和各地耕作制度以及品种的不同，从而在大豆田中形成了适应各种环境的种类繁多的杂草。我国的大豆田杂草为害可分为四个区：东北春作区（黑龙江、吉林、辽宁、内蒙古部分地区）；黄淮海夏作区（河南、山东、河北、安徽）；长江流域双作区（四川、湖北、湖南、江西、安徽、江苏、上海）；华南多作区（广东、广西）。我国大豆田中杂草种类众多，但常发生造成减产的仅 20 多种，如 1 年生禾本科杂草有稗草、狗尾草、金狗尾草、马唐、千金子、画眉草、牛筋草、野燕麦等;1 年生阔叶杂草有苍耳、苋(反枝苋、刺苋、凹头苋)、铁苋菜、龙葵、青葙、风花菜、牵牛花、香薷、葎草、水棘针、狼把草、鳢肠、柳叶刺蓼、田旋花、酸模叶蓼、菟丝子、地锦、野西瓜、马兜铃、猪毛菜、猪殃殃、藜、鸭跖草、马齿苋、繁缕、罗布麻、苘麻等;多年生杂草有问荆、苣荬菜、大蓟、刺儿菜、芦苇等。

二、大豆田杂草危害特点

杂草危害是大豆减产的重要原因。大豆是中耕作物,行距较宽,从苗期到封垄之前对地面覆盖率很小,因此在东北春作大豆区自播种开始直到 8 月末杂草不断发生,这些地方的 1 年生早春杂草、晚生杂草、多年生杂草混生,给防除工作造成一定困难。另外,杂草和大豆同时生长,彼此间对水分、养分、光照等的竞争形势逐渐形成,特别是播种后最初 5 周或出苗 4 周内发生的杂草占了全年杂草发生总量的 50％强。此类杂草通过中耕管理可以防除,但大豆苗间杂草直到封垄后仍保持于大豆田中并造成危害,特别是稗草、苍耳、苘麻、藜、鸭跖草、狼把草、龙葵、蓼、苋、刺儿菜、大蓟、芦苇等生长旺盛,株高超过大豆,危害更为严重。杂草发生前期受温度影响,中后期受水分及机械耕作措施的影响。

总之,大豆田除草一定要抓住杂草防除的关键时期。首先,无论采用化学除草、机械除草和人工除草措施,都要争取在大豆 3～4 片复叶展开前,将已经出苗的杂草铲除干净。采用化学除草,一定要避免使用单一种类的除草剂,使某些次要杂草上升为主要杂草;施用土壤处理剂,药效持续应在 5～6 周以上;施用茎叶处理剂,应尽可能选择在杂草基本出齐后施药。

三、大豆田主要杂草种类

（一）稗

【别　名】　稗草、稗子、野稗

【形态特征】　1年生草本。高40～130厘米。直立或基部膝曲。叶鞘光滑。圆锥形总状花序，较开展，直立或微弯，常具斜上或贴生分枝；小穗含2花，密集于穗轴的一侧，卵圆形；第一外稃具5～7脉，第二外稃先端有尖头，粗糙，边缘卷抱内稃。颖果卵形，米黄色。第一叶条形，长1～2厘米，自第二叶始渐长，全体光滑无毛。

【生物学特性】　种子繁殖。种子萌芽从10℃开始，最适温度为20℃～30℃；适宜的土层深度为1～5厘米，尤以1～2厘米出苗率最高。埋入土壤深层未发芽的种子可存活10年以上；对土壤含水量要求不严，特别能耐高湿。发生期早晚不一，但基本为晚春型出苗的杂草。正常出苗的植株，大致7月上旬前后抽穗、开花，8月初果实即渐次成熟。

【分布与为害】　稗草是世界性杂草。在我国各地均有分布，尤其北方发生密度大，是大豆田发生最普遍、为害最重的杂草之一，该草不仅为害大豆，也为害几乎所有的旱田作物。由于每年都有种子落地，在耕层土壤中形成一个巨大的种子库，连年防除，连年为害，是大豆田难防杂草之一。

（二）狗尾草

【别　名】　绿狗尾草、莠

【形态特征】　1年生草本。成株高20～100厘米。秆疏丛生,直立或基部膝曲上升。叶鞘较松弛、光滑,叶舌退化成一圈1～2毫米长的柔毛,叶片条状披针形。花序圆锥状、紧密呈圆锥形,直立或弯曲,刚毛绿色或变紫色,小穗椭圆形,长2～2.5毫米,2至数枚簇生,成熟后刚毛分离而脱落;第一颖卵形,约为小穗的1/3长,第二颖与小穗近等长;第一外稃与小穗等长,具5～7脉。幼苗鲜绿色,基部紫红色,除叶鞘边缘具长柔毛外,其他部位无毛;第一叶长8～10毫米,自第二叶开始渐长。

【生物学特性】 种子繁殖。种子发芽适宜温度为15℃～30℃,在10℃时也能发芽,但出苗率低且出苗缓慢。适宜土壤深度为2～5厘米,埋在深层未发芽的种子可存活10～15年。在我国中北部,4～5月初出苗,5月中下旬形成生长高峰,以后随降雨和灌水还会出现1～2个小峰;早苗6月初抽穗开花,7～9月颖果陆续成熟,并脱离刚毛落地或混杂于收获物中。

【分布与为害】 广布全国各地。不仅为害大豆,对玉米、谷子、高粱、花生、薯类等均有为害,因其幼苗形态与谷子极相似,很难辨认,人工除草非常困难,因此对谷子的为害更大。

(三)金狗尾草

【别　名】 金色狗尾草

【形态特征】 1年生草本。成株高20～90厘米,茎秆直立或基部倾斜。叶鞘光滑无毛。叶片两面光滑,基部疏生白色长毛。圆锥花、紧密,通常直立,刚毛金黄色或稍带褐色。每小穗有1枚颖果,外颖长为小穗的1/3～1/2,内颖长约为小穗的2/3。颖果椭圆形,背部隆起,黄绿色至黑褐色,有明显的横纹。

【生物学特性】 种子繁殖。在东北生长期为5～9月,在南方多发生于秋季旱作地,并于6～9月开花结实。

【分布与为害】 我国南北各省都有分布,常与绿狗尾草混合发生为害。

(四)马 唐

【别 名】 抓地草、须草

【形态特征】 1年生草本。成株高40～100厘米,茎秆基部展开或倾斜丛生,着地后节部易生根,或具分枝,光滑无毛。叶鞘松弛包茎,大都短于节间,疏生疣基软毛。叶舌膜质,先端钝圆,叶片条状披针形,两面疏生软毛或无毛。

【生物学特性】 种子繁殖。种子发芽适宜温度25℃～35℃,因此多在初夏发生。适宜出苗深度为1～6厘米,以1～3厘米发芽率最高。

【分布与为害】 全国各地均有分布,主要为害豆类,也可为害棉花、花生、瓜类、薯类等旱作物,是南方各地秋熟旱作物田的恶性杂草之一。马唐也是棉花夜蛾、稻飞虱的寄生植物,并能感染粟瘟病、麦雪病和菌核病,成为病原菌的中间寄主。

(五)野 燕 麦

【别 名】 燕麦草、铃铛麦、香麦、马麦

【形态特征】 1年生或越年生草本。成株高30～150厘米。茎直立,光滑,具2～4节,叶鞘松弛,光滑或基部被柔毛;叶舌透明膜质,叶片宽条形。花序圆锥状展开呈塔形,分枝轮生,小穗含2～3花,疏生,柄细长而弯曲下垂,两颖近等长。颖果长圆形,被淡棕色柔毛,腹面具纵沟。幼苗叶片初生时卷成筒状,展开后为宽条形,稍向后扭曲,叶片两面疏生柔毛,叶

缘有倒生短毛。

【生物学特性】 种子繁殖。种子发芽与本身的休眠特性、外界温度、土壤湿度及在土壤中位置的深浅有关。由于种子具有"再休眠"特性,故第一年在田间的发芽率一般不超过50%,其余在以后的3～4年中陆续出土。

【分布与为害】 在我国广泛分布于东北、华北、西北及河南、安徽、江苏、湖北、福建、西藏等地。主要为害作物除大豆外,还有小麦、甜菜、亚麻、马铃薯、豌豆、蚕豆和油菜等。

(六)牛 筋 草

【别　　名】 蟋蟀草

【形态特征】 1年生草本。成株高15～90厘米。植株丛生,基部倾斜向四周开展。须根较细而稠密,为深根性,不易整株拔起。叶鞘压扁而具脊,鞘口具柔毛;叶舌短,叶片条形。穗状花序,小穗含3～6花,成双行密集于穗轴的一侧,颖和稃均无芒,第一颖短于第二颖,第一稃具3脉,有脊,脊上具狭翅,内稃短于外稃,脊上具小纤毛。颖果长卵形。幼苗淡绿色,第一叶短而略宽,长7～8毫米,自第二叶渐长,中脉明显。

【生物学特性】 种子繁殖。种子发芽适宜温度为20℃～40℃,土壤含水量为10%～40%,出苗适宜深度为0～1厘米,埋深3厘米以上则不发芽,同时要求有光照条件。颖果于7～10月陆续成熟,边成熟边脱落,并随水流、风力和动物传播。种子经冬季休眠后萌发。

【分布与为害】 广泛分布于全国各地。喜生于较湿润的农田中,因此在黄河和长江流域及以南地区发生多,是秋熟旱作物田为害较重的恶性杂草。

(七)鸭 跖 草

【别　名】　蓝花菜、竹叶草

【形态特征】　1年生草本。成株高30～50厘米。茎披散，多分枝，基部枝匍匐，节上生根，上部枝直立或斜生。叶互生，披针形或卵状披针形。总苞片佛焰苞状，有长柄，与叶对生，卵状心形，稍弯曲，顶端急尖，边缘常有硬毛，边缘对合折叠，基部不相连。聚伞形花序，花瓣3枚，其中2枚较大，深蓝色，1枚较小，浅蓝色，有长爪。蒴果椭圆形，2室，有种子4粒。幼苗有子叶1片。子叶鞘与种子之间有一条白色子叶连结。

【生物学特性】　种子繁殖。为晚春性杂草，雨季蔓延迅速。生育期60～80天。在华北地区4～5月出苗，花果期6～10月。鸭跖草种子的适宜发芽温度为15℃～20℃，适宜出苗深度为2～6厘米，种子在土壤中可以存活5年以上。

【分布与为害】　全国各地均有分布，以东北和华北地区发生普遍，为害严重。喜生于湿润土壤。在旱作物田、果园及苗圃常见，不仅为害大豆，也为害玉米、小麦等各种旱作物及果树、苗木地等，往往形成单一群落或散生。

(八)香　薷

【别　名】　野苏子、臭荆芥、野苏麻、水荆芥

【形态特征】　1年生草本。成株高30～50厘米，具有特殊香味。茎四棱形直立，上部分枝，有倒向疏柔毛。叶具柄对生，叶片椭圆形，边缘具钝齿。轮伞形花序，苞片宽卵圆形，先端针芒状，具睫毛；花萼钟状，具5齿；花冠淡紫色，略成唇形。小坚果长圆形或倒卵形，黄褐色，光滑，长约1毫米。

【生物学特性】 种子繁殖。在北方 5～6 月出苗,7～8 月开花,8～9 月果实成熟。在南方地区,花期 7～9 月,10 月果实成熟。

【分布与为害】 几乎全国各地均有分布。东北及华北部分地区对旱地农田有较重的为害。香薷喜生于较湿润的农田中。为害作物除大豆外,还有禾谷类、其他豆类、薯类、甜菜、蔬菜等作物。

(九)水 棘 针

【别　名】 土荆芥,蓝萼草、细叶山紫苏

【形态特征】 1 年生草本。成株 30～100 厘米,茎基部有时木质化,茎直立,四棱形,分枝呈圆锥形,被疏微柔毛。叶对生,叶片 3 深裂,稀 5 裂或不裂,裂片披针形,边缘有齿,两面无毛。小聚伞形花序,排列成疏松的圆锥形;花萼钟状,具5 齿;花冠淡蓝色或淡紫色,唇形。小坚果倒卵状三棱形,具网纹,果脐大。

【生物学特性】 种子繁殖。在我国北方 5～6 月出苗,7～8 月果实成熟。在南方,花期 8～9 月,果期 9～10 月。种子边成熟边脱落,须经休眠后才能萌发。

【分布与为害】 分布于我国东北、华北、西北及安徽、湖北等地,尤其是黑龙江发生严重,生于湿润农田。为害豆类及薯类、瓜类等作物,为南方秋作物田常见杂草。

(十)鼬 瓣 花

【别　名】 二裂鼬瓣花、裂边鼬瓣花、野芝麻、野苏子

【形态特征】 1 年生草本。成株高 20～60 厘米,个别的可高达 100 厘米。茎直立粗壮,钝四棱形,被倒生刚毛。叶片

卵圆形至卵状披针形,边缘有粗钝锯齿。轮伞花序,腋生,紧密排列于茎顶及分枝顶端,小苞片条形或披针形,被长睫毛,花萼管状钟形,具5齿;花冠粉红色或淡紫红色,唇形,上唇先端具不等长数齿,下唇3裂,在两侧裂片与中裂片相交处有齿状突起。小坚果倒卵状三棱形,褐色,有秕鳞。

【生物学特性】 种子繁殖。在北方4～6月出苗,7～8月现蕾开花,8月果实渐次成熟落地,经越冬休眠后萌发。土壤深层未发芽的种子可存活1～2年。在南方,花期7～9月,果期9～10月。

【分布与为害】 为东北及华北北部地区农田的主要杂草之一,对多种夏收作物及秋收作物均有较重为害,是农田中较难防治的杂草之一。分布在吉林、黑龙江、内蒙古、青海、湖北和西南地区。

(十一)反 枝 苋

【别　名】 野苋菜、苋菜、西风谷、人苋菜、苋

【形态特征】 1年生草本。成株高20～120厘米。茎直立,粗壮,上部分枝,绿色。叶具长柄,互生,叶片菱状卵形,叶脉突出,两面和边缘具有柔毛,叶片灰绿色。圆锥状花序顶生或腋生,花簇多刺毛;苞叶和小苞叶干膜质;花被白色,被片5枚,各有1条淡绿色中脉。

【生物学特性】 种子繁殖。种子发芽适宜温度为15℃～30℃,适宜出苗土壤深度5厘米之内。在我国中北部地区,4～5月出苗,7～9月开花结果,7月以后种子渐次成熟落地或借助外力传播扩散。

【分布与为害】 分布于东北、华北、西北、华东、华中及贵州、云南等地。喜生于湿润农田中,亦耐干旱,适应性强。主

要为害作物除豆类外,还有棉花、花生、玉米、瓜类、薯类、蔬菜、果树等。

(十二)马 齿 苋

【别　名】 马齿菜、马蛇子菜、马菜

【形态特征】 1年生肉质草本,全体光滑无毛。茎自基部分枝,平卧或先端斜生。叶互生或假对生,柄极短或近无柄;叶片倒卵形或楔状长圆形,全缘。花3～5朵簇生枝顶,无梗;苞片4～5枚,膜质;萼片2枚;花瓣黄色,6枚。蒴果圆锥形,盖裂;种子肾状扁卵形,黑褐色,有小疣状突起。幼苗紫红色,下胚轴较发达,子叶长圆形;初生叶2片,倒卵形,全缘,全株无毛。

【生物学特性】 种子繁殖。种子发芽的适宜温度为20℃～30℃,属喜温植物。适宜出苗深度在3厘米以内。马齿苋生命力极强,被铲掉的植株暴晒数日不死,植株段体在一定条件下可生根成活。马齿苋发生时期较长,春、夏均有幼苗发生。在我国中北部地区,5月出现第一次出苗高峰,8～9月出现第二次出苗高峰,5～9月陆续开花,6月果实开始渐次成熟散落。平均每株可产种子14 400粒以上。

【分布与为害】 广布全国。生于较肥沃湿润的农田、菜园、果园,尤以菜园发生较多,主要为害蔬菜、棉花、豆类、花生、甜菜、果树等。

(十三)藜

【别　名】 灰菜、落藜

【形态特征】 1年生草本。成株株高30～120厘米,茎直立粗壮,有棱和纵条纹,多分枝,上升或开展。叶互生,有长柄;基部叶片较大,上部叶片较窄,全缘或有微齿,叶背均有灰绿色粉粒。圆锥状花序,有多数花簇聚合而成;花两性,花被黄绿色或绿色,被片5枚。胞果完全包于被内或顶端稍露;种子双凸镜形,深褐色或黑色,有光泽。

【生物学特性】 种子繁殖。种子发芽的最低温度为10℃,最适温度为20℃～30℃,最高温度40℃;适宜出苗深度在4厘米以内。在华北与东北地区,3～5月出苗,6～10月开花、结果,随后果实渐次成熟,种子落地或借外力传播。

【分布与为害】 除西藏外,全国各地均有分布。主要为害作物有豆类和小麦、棉花、薯类、蔬菜等旱作物及果树,常形成单一群落,也是棉铃虫和地老虎的寄主。

(十四)卷茎蓼

【别　名】 荞麦蔓

【形态特征】 1年生蔓性草本。长1米以上。茎缠绕,细弱,有不明显的条棱,粗糙或疏生柔毛。叶具长柄,互生;叶片卵形,先端渐长,斜截形,先端尖或钝圆。疏散穗状花序;花少数,簇生于叶腋,花梗较短;花被淡绿色,5深裂。瘦果卵形,有3棱,黑褐色。

【生物学特性】 种子繁殖。种子春季萌发,发芽适宜温度为15℃～20℃,适宜出苗深度在6厘米以内。埋入深土层的未发芽种子可存活5～6年。种子常混于收获物中传播,经越冬休眠后萌发。

【分布与为害】 秦岭、淮河以北地区都有分布,为东北、西北、华北北部地区农田主要杂草之一,为害大豆、麦类、玉米等作物。缠绕植物,影响光照,也易使作物倒伏,造成减产,发生量大,为害严重。

(十五)本氏蓼

【别　名】 柳叶刺蓼

【形态特征】　1年生草本。成株高 30～80 厘米。茎直立,多分枝,具倒生刺钩。叶互生,有短柄;叶片披针形或宽披针形,全缘,边缘有缘毛;托叶鞘筒状。由数个花穗组成圆锥状花序,5 深裂。瘦果近圆形,侧扁,两面稍突出,黑色。

【生物学特性】　种子繁殖。种子发芽的适宜温度为 15℃～20℃,适宜出苗深度为 5 厘米以内。在我国北方,4～5月出苗,7～8月开花结果,8月以后果实渐次成熟。种子经越冬休眠后萌发。

【分布与为害】　分布于黑龙江、辽宁、河北、山西和内蒙古。多生于较湿润的农田,对大豆、小麦、马铃薯、甜菜、蔬菜、果树等作物有为害。

(十六)问　荆

【别　名】 节(接)骨草、笔头草、土麻黄、马草、马虎刚

【形态特征】　多年生草本。具发达根茎,根茎长而横走,入土深 1～2 米,并常具小球茎。地上茎直立,软草质,二型;营养茎在孢子茎枯萎后在同一根茎上生出,高 15～60 厘米,有轮生分枝,单一或再生,中实绿色,具棱脊 6～15 条,表面粗糙。叶退化成鞘,鞘齿披针形,黑褐色,边缘灰白色,厚革质,不脱落。孢子茎早春萌发,高 3～5 厘米,肉质粗壮,单一,笔直生长,浅褐色或黄白色,具棕褐色膜质筒状叶鞘。

【生物学特性】　以根茎繁殖为主,孢子也能繁殖。在我国北方,4～5月生出孢子茎,孢子成熟后迅速随风飞散,不久孢子茎枯死;5月中下旬生出营养茎,9月营养茎死亡。

【分布与为害】 广泛分布于我国东北、华北、西北、西南及浙江、山东、江苏、安徽等地。因其根茎甚为发达,蔓延迅速,难以防除。某些地区的大豆、小麦、花生、棉花、玉米、马铃薯、甜菜、亚麻等作物受害较重。

(十七)苘 麻

【别 名】 青麻、白麻

【形态特征】 1年生草本。成株高1~2米。茎直立,圆柱形。叶互生,具长柄,叶片圆心形,掌状叶脉3~7条。花具梗,单生于叶腋,花萼杯状,5裂,花瓣鲜黄色,5枚。蒴果半球形,分果瓣15~20个,具喙,轮状排列,有粗毛,先端有长芒。种子肾状,有瘤状突起,灰褐色。

【生物学特性】 种子繁殖。在我国中北部,4~5月出苗,6~8月开花,果期8~9月,晚秋全株死亡。

【分布与为害】 广布全国,为害豆类及棉花、禾谷类、瓜类、油菜、甜菜、蔬菜等作物。

(十八)铁 苋 菜

【别 名】 海蚌含珠

【形态特征】 1年生草本。成株高30~60厘米。茎直立,有分枝。单叶互生,具长柄,叶片长卵形或卵状披针形,茎与叶上均被柔毛。穗状花序,腋生,花单性,雌雄同株且同序;雌花位于花序下部,雄花花序较短,位于雌花序上部。蒴果钝三角形,有毛,种子倒卵形,常有白膜质状蜡层。

【生物学特性】 种子繁殖。喜湿,地温稳定在10℃~16℃时萌发出土。在我国中北部,4~5月出苗,6~7月也常有出苗高峰,7~8月陆续开花结果,8~9月果实渐次成熟。

种子边熟边落,可借风力、流水向外传播,亦可混杂于收获物中扩散,经冬季休眠后再萌发。

【分布与为害】 除新疆外,分布几乎遍及全国。在大豆及棉花、甘薯、玉米、蔬菜田为害较重,局部地区为优势种群,是秋熟旱作物田主要杂草。

(十九)田 旋 花

【别　名】 中国旋花、箭叶旋花

【形态特征】 多年生草本。具直根和根状茎,直根入土较深,达 30～100 厘米,根状茎横走。茎蔓状,缠绕或匍匐生长。叶互生,有柄。花 1～3 朵腋生,花梗细长,苞片 2 枚,狭小,远离花萼;萼片 5 枚,倒卵圆形,边缘膜质;花冠粉红色,漏斗状,顶端 5 浅裂。蒴果球形或圆锥形;种子 4 枚,三棱状卵圆形,黑褐色,无毛。

【生物学特性】 根芽和种子繁殖。秋季近地面处的根茎产生越冬芽,翌年长出新植株,萌生苗与实生苗相似,但比实生苗萌发早,铲断的具节的地下茎亦能发生新株。在我国中北部地区,根芽 3～4 月出苗,种子 4～5 月出苗,5～8 月陆续现蕾开花,6 月以后果实渐次成熟,9～10 月地上茎叶枯死。种子多混杂于收获物中传播。

【分布与为害】 分布在东北、华北、西北及四川、西藏等地,其他热带和亚热带地区也有分布。为旱作物地常见杂草,常成片生长。主要为害豆类及小麦、棉花、玉米、蔬菜等,近年来华北、西北地区为害较严重,黑龙江省局部地区发生较重,已成为难防除的杂草之一。

(二十)打碗花

【别　名】 小旋花

【形态特征】　多年生草本。具地下横走根状茎。茎蔓状，多自基部分枝，缠绕或平卧，长 30～100 厘米，有细棱，无毛。叶互生，具长柄；基部叶片长圆状心形，全缘。花单生于叶腋；苞片 2 枚，宽卵形，包住花萼，宿存；萼片 5 枚，长圆形；花冠粉红色，漏斗状。蒴果卵圆形；种子倒卵形，黑褐色。实生苗子叶方形，先端微凹，有柄；初生叶 1 片，宽卵形，有柄。

【生物学特性】　根芽和种子繁殖。根状茎多集中于耕作层中。在我国中北部，根芽 3 月开始出土，春苗和秋苗分别于 4～5 月和 9～10 月生长繁殖最快，6 月开花结实。春苗茎叶炎夏干枯，秋苗茎叶入冬枯死。

【分布与为害】　广布全国各地。生于湿润的农田、荒地或田边、路旁，为害大豆和花生，部分禾谷类、薯类、棉花、甜菜、蔬菜等作物也受害。

(二十一)苣荬菜

【别　名】 甜苣菜、曲荬菜

【形态特征】　多年生草本。具地下横走根状茎，成株高 30～100 厘米，全体含乳汁。茎直立，上部分枝或不分枝。基生叶丛生，有柄；茎生叶互生，无柄，基部包茎；叶片长圆状披针形或宽披针形，中脉白色，宽而明显。头状花序顶生，花序梗与总苞均被白色棉毛；总苞钟形，苞片 2～4 层，舌状花鲜黄色。瘦果长四棱形，弯或直，4 条纵棱明显，每面还有两条纵向棱线，浅棕黄色，无光泽，两端均为截形，冠毛白色，易脱落。

【生物学特性】　以根茎繁殖为主，种子也能繁殖。根茎多分布在 5～20 厘米的土层中,最深可达 80 厘米,质脆易断,每个有根芽的断体都能发出新植株,耕作或除草更能促使其萌发。

【分布与为害】 广布全国,北方有些地区发生量大,为害严重。常以优势种群单生或混生于农田和荒野,为区域性的恶性杂草之一。为害豆类及棉花、油菜、甜菜、小麦、玉米、谷子、蔬菜等作物。

(二十二)刺 儿 菜

【别　名】 小蓟、刺菜

【形态特征】 多年生草本。地下有直根,并具有水平生长产生不定芽的根状茎。成株高 20～50 厘米,茎直立。单叶互生,有柄;下部和中部叶椭圆状披针形,两面被白色蛛丝状毛,幼叶尤为明显,中上部叶有时羽状浅裂。雌雄异株,花单性;雄花序较小,雌花序较大;总苞钟形,苞片多层,外层甚短,先端均有刺;花冠筒状,淡紫色或紫红色。瘦果长椭圆形或长卵形,略扁,表面浅黄色至褐色,羽状冠毛污白色。

【生物学特性】 以根芽繁殖为主,种子繁殖为辅。根芽在生长季节内随时都可以萌发,而且地上部分被除掉或根茎被切断则能再生新株。在我国中北部地区,最早可于 3～4 前后出苗,5～9 月开花结果,6～10 月果实渐次成熟。种子借风力飞散。实生苗当年只进行营养生长,第二年才能抽茎开花。

【分布与为害】 广布全国各地,北方更为普遍。常成优势种群单生或混生于农田,大豆及小麦、棉花、玉米等多种旱田作物受害较重,是难以防除的恶性杂草之一。此外,也是棉蚜、地老虎、麦圆蜘蛛和烟草线虫、根瘤病和向日葵菌核病等的寄主。

(二十三)苍　耳

【别　名】　苍子、老苍子、虱麻头、青棘子

【形态特征】　1年生草本。成株高30～150厘米,茎直立,粗壮,多分枝,有钝棱及长条状斑点。叶互生。头状花序腋生或顶生,花单性,雌雄同株;雄花序球形,淡黄绿色;雌花头状花序,生于叶腋,椭圆状披针形;内层总苞片结合成囊状,外生钩状刺,先端具两喙,内含2花,无花瓣,花柱分枝丝状。瘦果包于坚硬的总苞中,种子长椭圆形,种皮深灰色膜质。

【生物学特性】　种子繁殖。种子生活力强,发芽适宜温度为15℃～20℃,适宜出苗深度为3～5厘米,最深限于13厘米。在我国中北部地区,4～5月出苗,7～9月开花结果,8～9月果实渐次成熟,随熟随落,种子落入土中或以钩刺附着于其他物体传播。种子经越冬休眠后萌发。

【分布与为害】　广布全国各地。主要为害豆类、玉米、谷子、马铃薯等旱田作物,在田间多为单生,在果园、荒地多成群生长,局部地区为害较重。也是棉蚜、棉铃虫、向日葵菌核病的寄主。

(二十四)鳢　肠

【别　名】　旱连草、墨旱莲、墨草

【形态特征】　1年生草本。高15～60厘米,茎直立或匍匐,自基部或上部分枝,绿色或红褐色,被伏毛。茎叶折断后有墨水样汁液。叶对生,叶片长披针形,椭圆状披针形或条状披针形;总苞片2轮,5～6枚,有毛,宿存;托叶披针形或刚毛状,边花白色,舌状,全缘或2裂;心花淡黄色,筒状,4裂。舌

状花的瘦果四棱形,筒状花的瘦果三棱形,表面都有瘤状突起,无冠毛。

【生物学特性】 种子繁殖。在长江流域,5～6月出苗,7～10月开花、结果,8月果实渐次成熟。种子经越冬休眠后萌发。鳢肠喜湿耐旱,抗盐耐瘠和耐阴。在潮湿的环境里被锄移位后,能重新生出不定根而恢复生长,故称之为"还魂草",并能在含盐量达0.45%的中重盐碱地上生长。

【分布与为害】 广布我国中南部。生于低洼湿润地带和水田中,除为害花生外,还为害棉花、豆类、瓜类、蔬菜、甜菜、小麦和水稻等作物。

(二十五)龙　葵

【别　名】 野海椒、野茄秧、老鸦眼子、苦葵、黑星星、黑油油

【形态特征】 1年生草本。高30～100厘米,茎直立,多分枝,无毛。叶互生,具长柄;叶片卵形,全缘或有不规则的波状粗齿,两面光滑或有疏短柔毛。花序具伞形短蝎尾状,腋外生,有花4～10朵,花梗下垂;花萼杯状,5裂;花冠白色,辐射状排列,5裂,裂片卵状三角形。浆果球形,成熟时黑紫色;种子近卵形,扁平。

【生物学特性】 种子繁殖。种子发芽最低温度为14℃,最适温度为19℃,最高温度22℃。出土早晚和土壤含水量有关,通常在3～7厘米土层中的种子出苗最早最多,在0～3厘米土层中的出苗次之,在7～10厘米土层中的出苗最晚、最少。在我国北方,4～6月出苗,7～9月现蕾、开花、结果。当年种子一般不萌发,经越冬休眠后才发芽出苗。

【分布与为害】 全国各地均有分布,在黑龙江发生较重。

常散生于肥沃、湿润的农田、菜园、荒地及宅地等处。因单株投影面积较大,易使棉花、花生、豆类、薯类、瓜类、蔬菜等矮棵作物遭受为害。

(二十六)香 附 子

【别　名】　莎草、香头草、旱三棱、回头青

【形态特征】　多年生草本。具地下横走根茎,顶端膨大成块茎,有香味,高 20～95 厘米。秆散生,直立,锐三棱形。叶基生,短于秆。叶鞘基部棕色。苞片叶状,3～5 枚,下部 2～3 枚长于花序,小穗条形,具 6～26 朵花,穗轴有白色透明的翅;鳞片卵形或宽卵形,背面中间绿色,两侧紫红色。小坚果三棱状长圆形,暗褐色,具细点。

【生物学特性】　块茎和种子繁殖。块茎发芽最低温度为 13℃,适宜温度 30℃～35℃,最高温度 40℃。香附子较耐热而不耐寒,冬天在 −5℃下开始死亡。块茎在土壤中的分布深度因土壤条件而异,通常有一半以上集中于 10 厘米以上的土层中,个别的可深达 30～50 厘米,但在 10 厘米以下,随深度的增加而发芽率和繁殖系数锐减。香附子较为喜光,遮荫能明显影响块茎的形成。

【分布与为害】　为世界性杂草。在我国主要分布于中南、华东、西南热带和亚热带地区,河北、山西、陕西、甘肃等地也有。喜湿润环境,常生于荒地、路边或农田。为害多种旱田作物、果树及水稻等。

第二节　大豆田杂草防除技术

一、农业防除措施

(一)堵截农田杂草的侵染途径

1. 加强植物检疫　防止国内外检疫性杂草传入,对已传入尚未扩大蔓延的应及时采取有效措施加以扑灭。

2. 注意农田周围的杂草发生情况　及时清除田间、道路、防护林周围的杂草,保护好田边的植被,农田周围最好种植多年生绿肥或小灌木林,以防杂草滋生。

3. 严格选种　在播种前应将与大豆种子混在一起的杂草种子进行认真清除。

4. 注意水肥所带来的杂草源　施有机肥要经过腐熟,严禁生粪下地。田间灌溉渠道水口处应设置草籽收集网。

(二)轮　作

合理的轮作可改变农田杂草的生态环境,有利于抑制杂草的为害,避免伴生性杂草发生蔓延;同时又可自然地更换除草剂类型,避免由于在同一田块长期使用同类除草剂,造成降解除草剂的生物增多,而使除草剂用量增加,效果降低。也可避免杂草产生抗药性。大豆田宜采用小麦、玉米轮作,前茬小麦便于防治阔叶杂草,在播种小麦前进行深翻,既可将表层1年生杂草种子翻入土壤深层,又能防治田间多年生杂草,而小麦本身对1年生杂草的控制作用较强。由于小麦播种较大豆早,当小麦生长到一定高度时,为害大豆的稗草、马唐、狗尾草、藜等才开始出土,不能为害小麦。当小麦收割时,把这些还没有成熟的杂草收割掉,可减轻来年杂草为害大豆。玉米田便于中耕,有利于防治多年生杂草。小麦收获后,深松土层可消灭多年生杂草的地下根茎,又可避免深层草籽转翻到表土层而加重草害。厚垄播种、深松耙茬或浅松耙茬,保持原有土壤结构,有利于诱草萌发、集中灭草。大豆还可以与水稻轮作,由于水、旱田的杂草群落差异较大,因此可以收到良好的效果。例如,在大豆田生长的狗尾草、画眉草、牛筋草、苍耳、青葙、龙葵、反枝苋、葎草、牵牛花、苘麻等,在水稻田不能存活,种子被水渍后许多失去发芽能力,种水稻后再种大豆杂草数量大量减少。

(三)土壤耕作

不同的耕作措施都会改变杂草种子在耕层中的分布,导致杂草萌发和生长的差异,通过耕作能不同程度地消灭杂草幼芽和植株,达到不同的防治效果。深耕可以从土壤中切断杂草地下根茎,截断营养来源。无论是春耕还是秋耕,为了使耕翻充分发挥灭草的作用,应普遍耕深达到 20～25 厘米。多年生杂草占有较大比重的耕地,耕深应达到 30 厘米。深耕是防除芦苇等多年生杂草的有效措施。东北地区春季干旱,秋翻后应及时进行表土作业。适时而又正确的表土作业不仅能保持土壤水分,还能够整平地面,粉碎土块,消灭新生杂草。翻地后的土表作业有耙地和镇压两个环节,耙地应在耕翻后1～2 周,当地面出现一批小草时再耙,这样可以消灭更多的杂草,镇压能够诱发杂草种子萌发与出土,以便采取其他措施加以消灭。中耕培土是我国各地广泛采用的主要除草方法,中耕除草针对性强，干净彻底，技术简单，既能消灭大量行间杂草，也能消灭部分株间杂草。而且给作物提供了良好生长条件。在作物生长的整个过程中，根据需要可进行多次中耕除草，除草时要抓住有利时机，争取除早、除小、除彻底，留下小草，会引起后患。

(四)其他方法

施用有机肥料或覆盖不含杂草子实的麦秆等可减轻田间杂草的发生和危害。增施基肥、窄行密播，可充分利用作物群体抑草。调整播期，选用早熟品种晚播，播前封闭除草，可以消灭早春杂草，推迟一些晚春杂草萌发的时间，因而也就推迟了苗后除草剂的使用时间，缓冲了后期灭草压力。视天气、墒情、苗情、草情等辅以人工拔大草。大豆收获后深翻可切割、翻埋、干、冻消灭各种杂草等，为减轻下茬草害打下基础。火焰除草可用于撂荒地，也可用火焰发射器防除路旁杂草。

二、生物防除措施

利用生物防除农田杂草是防止除草剂污染的有利措施。杂草的生物防除是利用杂草的天敌，如真菌、细菌、病毒、昆虫、动物、线虫等将杂草种群密度压低到经济允许损失程度以下。实际上昆虫或微生物控制植物群体是一个已经进行了无数世纪的自然过程，由于农业生产的发展才促使人们有意识地利用这一途径来防除杂草。利用脊椎动物、植物竞争及异株克生现象的报道也有增加，如利用鸭群在稻田中可吃掉部分杂草的草芽，浙江、江苏、湖北、四川、安徽等省开展稻田养鱼除草取得显著经济效益。稻田混养草鱼、鲤鱼对稻田中的

15 科 22 种杂草都有抑制作用,控制草害的效果可达 90% 以上。

农田杂草生物防除的途径包括天敌的繁殖、天敌的保护和天敌的引进。天敌繁殖包括天敌的饲养、释放和改变环境条件来繁殖天敌。天敌保护是指自然控制,即在进行一切农业活动时要考虑到每一项农业措施对天敌生长、繁殖的影响,如选用对天敌杀伤力小的除草剂,或改变施药方法,达到保护天敌的目的。天敌引进指从其他地区引进当地没有的天敌,以增强天敌抑制杂草的作用。生防措施的引入将导致除草剂发展的重大变革。从环保考虑而开发"超高效、无毒、无污染"的环境友好性除草剂是必然趋势,也是可持续发展农业的有力保障。

三、药物防除措施

(一)除草剂的使用原则与方法

1. 除草剂的使用原则 使用除草剂的目的是选择性地控制杂草,减轻或消除其为害,以使农业高产稳产。因此首先是高效、安全和经济。由于杂草与作物生长于同一农业生态环境中,其生长发育受土壤及气候因素的影响。为了获得好的防治效果,使用除草剂应根据杂草和作物的生育状况,要适时、适地、适量、适用,因地制宜灵活运用,再结合耕作制度、栽培技术和环境条件采用适宜的技术和方法。

(1)正确的选用除草剂种类 不同的除草剂的作用特性和防治对象不同,对作物的安全性亦不同,应根据田间杂草发生特点、群落组成及自然条件选用适宜的除草剂。在东北大豆产区杂草一般分四批出土。因此选用大豆田除草剂要考虑有较长的持效期。连续使用单一种除草剂,特别是作用机制单一、靶标相同的除草剂易引起杂草群落急剧变化,抗性杂草迅速增加。因此应选择杀草谱宽的除草剂,或采取两种或两种以上的除草剂混用,避免在同一块地连续使用同一种除草剂。

(2)正确的选择施药技术 根据除草剂品种特性、杂草状况,确定单位面积最适宜用药量。选择质量好的喷药设备,喷洒均匀,不重喷、不漏喷。重喷易产生药害,而漏喷又不能保证药效。

(3)正确的选择最佳施药时期 根据除草剂的特性,选择在最能发挥药效又对作物安全的时期施药,并严格按照除草剂的使用说明进行操作。除草剂按施用时间可分为播前土壤处理、播后苗前土壤处理和苗后茎叶处理。在生产中播前土壤处理除草剂与播后苗前土壤处理除草剂配合使用,使杀草谱变宽;苗后茎叶除草剂于作物苗前使用,常用来防除田间已出土的杂草,苗后使用则用来杀死土壤处理时未死亡的杂草。

(4)注意安全问题 除草剂虽然一般毒性较低,但使用时也应注意安全。在配制和喷药过程中要注意保护,应穿上防护衣,戴上帽子、口罩、手套。喷药结束后,要用肥皂水充分清洗手、脸和暴露的皮肤,用清水漱口,脱掉工作服,并用肥皂水清洗。清洗喷药用具,以免再次使用时对其他作物造成药害。

2. 除草剂的使用方法 除草剂的使用方法因品种特性、剂型、作物及环境条件不同而有差异。不同的施用方法最终目的都是高效、安全的铲除杂草,其次应该简便易行,省时省力。大豆田除草剂的施用方法主要有以下几种。

（1）播前土壤处理　该方法主要适用于易挥发与光解的除草剂，如氟乐灵、灭草敌等。播前混土的除草剂能增加对1年生大粒种子深层出土的阔叶杂草和某些难以防除的禾本科杂草的防除效果。由于早期控制了杂草，可推迟中耕或使用苗后茎叶除草剂。

（2）播后苗前土壤处理　适用于通过根或幼芽吸收的除草剂，如乙草胺、异丙甲草胺等。

（3）苗后茎叶处理　茎叶喷药不受土壤质地和有机质的影响。施药有针对性，选择性强。但不像土壤处理那样有一定的持效期，茎叶处理只能杀死已出苗的杂草。因此，茎叶处理关键在于施药时期的确定。过早施药，大部分杂草尚未出土，难以收到好的效果；过晚施药，作物生长已经受到影响，得不偿失。茎叶喷雾时还要注意应在无风的晴天进行，多数品种如在喷药后3～6小时下雨应重喷。除草剂的水剂、乳油、可湿性粉剂均可对水喷雾，但可湿性粉剂配成的药液在喷药时，要边搅边施，以免发生沉淀，堵塞喷头。表面有蜡质的杂草，可在药液中加入湿润剂、展着剂，如常见的洗衣粉等。

（二）常用除草剂的使用技术

1. 播前土壤处理

（1）48％氟乐灵乳油

①防除对象　以防除1年生禾本科杂草为主，兼防小粒种子阔叶杂草，如狗尾草、金狗尾草、马唐、千金子、画眉草、牛筋草、野燕麦等；还有苍耳、猪毛菜、藜、鸭跖草、马齿苋、繁缕等。

②使用技术　施药后一般间隔5～7天再播大豆；夏大豆

于播前 1～2 天,整好地,用混土施药法施药,混土深度 5～7 厘米。每公顷用 48％氟乐乳油 100～150 毫升,对水 100 升,均匀喷雾于土表,并立即混土。

③注意事项　应注意,由于氟乐灵易光解、挥发,施药后必须立即混土。此药对已出土的杂草无效;对禾木科杂草效果好,对阔叶杂草效果差。

(2)5％咪唑乙烟酸水剂

①防除对象　对稗草、狗尾草、金狗尾草、马唐、野燕麦(高剂量)、苍耳、反枝苋、龙葵、香薷、水棘针、狼把草、柳叶刺蓼、酸模叶蓼、野西瓜、藜、鸭跖草、马齿苋、苘麻、豚草、曼陀罗、地肤等 1 年生禾本科杂草和阔叶杂草有良好防效,对多年生杂草苣荬菜、大蓟、刺儿菜等有抑制作用。

②使用技术　咪唑乙烟酸可在大豆播前、播后苗前进行土壤处理,或苗后早期(大豆 1～2 片复叶前)茎叶处理。用药量 1500～2200 毫升/667 平方米,春大豆播后苗前每 667 平方米用药量对水 30 升,均匀地喷雾。春大豆苗期(大豆 1～2 片复叶,杂草 1～4 叶期)每 667 平方米用药量对水 30 升,均匀喷雾。

③注意事项　施药要均匀,不可重喷,注意风向,不要高空喷雾,以免飘移对敏感作物造成为害;用药过早、过晚,用量过大,都可能造成药害。初次使用本品,请植保技术人员指导;施药最好选择无风,空气相对湿度大于 65％,气温低于28℃的气候条件下进行,晴天上午 8 点以前,下午 5 点以后进行;用药 1 年后,后茬作物以种植大豆、小麦、玉米为宜。

(3)88％灭草猛乳油

①防除对象　对稗草、狗尾草、马唐、野燕麦、石茅高粱、野高粱、香附子、蟋蟀草、粟米草、猪毛草、马齿苋、鸭跖草、苘

麻等有抑制作用。

②使用技术　于大豆播种前,整好地,田间泥块要整细,每 667 平方米用 88％灭草猛 150～200 毫升,对水 100 升,或混细土 20 千克,均匀喷雾或撒施全田,施药后立即混土,混土深度为 5 厘米左右,混土后即可播种,播种深度一般不能超过 5 厘米。

③注意事项　灭草猛挥发性强,施药时要求边施药边混土,以免挥发而影响药效;灭草猛对已出土的杂草效果差,施药前必须铲除已出土的杂草;使用后喷雾器具要清洗干净。

(4)5％普施特水剂

①防除对象　对稗草、狗尾草、马唐等 1 年生禾本科杂草和本氏蓼、苍耳、水棘针、苘麻、龙葵、野西瓜苗、藜、荠菜、反枝苋、马齿苋、狼把草、豚草、曼陀罗、地肤等阔叶杂草有抑制作用。

②使用技术　土壤处理用药量为 5％普施特水剂1500～2200 毫升/公顷,茎叶处理用量为 1500 毫升/公顷。使用人工背负式喷雾器土壤处理喷液量 300 升/公顷,茎叶处理150～200 升/公顷;拖拉机喷雾器土壤处理喷液量 200 升/公顷,茎叶处理 150 升/公顷。

③注意事项　播前或播后苗前土壤处理时混土或耱蒙头土,在干旱条件下可保证药效发挥。苗后茎叶处理应选择早晚气温低、湿度大时施药,空气相对湿度较低时停止施药,否则影响药效;普施特土壤残留对后茬敏感作物会造成伤害,应注意安排后茬作物的种植。

(5)50％、72％、96％都尔乳油

①防除对象　主要用于防除 1 年生的禾本科杂草,并可兼治部分小粒种子的阔叶杂草。可防除的禾本科杂草有稗、

马唐、狗尾草、画眉草、野菜、臂形草、牛筋草、千金子等。对反枝苋、马齿苋、辣子草等阔叶草也有较好的防效。

②使用技术 在大豆播后苗前或播前土壤处理，田间药效期可达2个月左右。异丙甲草胺的用药量随土壤质地和有机质含量而异。土壤有机质含量3%以下，沙质土：72%都尔乳油1350～1500毫升/公顷；壤土处理1950～2250毫升/公顷；粘土2550～2700毫升/公顷。若土壤有机质含量3%以上，则相应提高用药量300～500毫升/公顷。若天气干旱，土壤湿度小时，可浅混土，以提高除草效果。

③注意事项 地膜田施药不混土覆膜；都尔作为播后苗前的土壤处理剂对大多数作物安全，使用范围很广，但不能用于麦田和高粱田，否则用药后如遇到较大降雨易产生药害；采用毒土法施药，应掌握在下雨或灌溉前后最好，不然除草效果差；贮、运和使用本品时，应遵守农药安全使用规定。

(6)50%乙草胺乳油

①防除对象 乙草胺对1年生禾本科杂草具有较好的防效，也能防除部分阔叶杂草，但对大多数阔叶杂草及多年生杂草防效较差。乙草胺可以用来防除稗、马唐、狗尾草、金色狗尾草、野燕麦、看麦娘、日本看麦娘、画眉草、牛筋草、棒头草、千金子、臂形草等禾本科杂草；对鸭趾草、龙葵、繁缕、菟丝子、马齿苋、反枝苋、藜、小藜、酸模叶蓼、柳叶刺蓼、铁苋菜、野西瓜、香薷、水棘针、狼把草等阔叶杂草有一定的防效。乙草胺对多年生杂草基本无效，只能防除杂草的幼芽，不能防除成株期杂草。

②使用技术 乙草胺用于大豆播前或播后苗前土壤处理。夏大豆区用50%乙草胺乳油1050～1500毫升/公顷，粘土地用高量，沙壤土地用低量。在高温干旱或低温多雨情况

下施药,大豆第一片复叶会出现药害,表现为叶片皱缩,第二复叶长出时即恢复正常,对以后大豆生长基本没有影响。在东北春大豆田使用,当土壤有机质含量在5%以下时用50%乙草胺乳油2250~3000毫升/公顷。土壤有机质含量在6%以上时,用量为3000~4005毫升/公顷。在施药后遇低温多湿、田间渍水、用药量过大,大豆拱土期施药,受病虫危害等情况下,乙草胺对大豆幼苗生长有抑制作用,表现为叶片皱缩,一般第三片复叶期以后恢复正常生长。

③注意事项 东北低洼的豆田在低温、高湿的条件下施用50%乙草胺乳油也易对大豆产生抑制作用;对皮肤、眼睛有轻度刺激,应避免直接接触,若溅入眼中应用清水冲洗,皮肤沾染应用肥皂水清洗。

(7)72%普乐宝乳油

①防除对象 普乐宝也以防除禾本科杂草为主,兼防小粒种子的阔叶杂草。可防除的禾本科杂草有稗草、狗尾草、马唐、牛筋草、画眉草等;可防除的阔叶杂草有藜、反枝苋等。

②使用技术 72%普乐宝乳油用于大豆播前或播后苗前土壤处理。东北地区用量为1500~2250毫升/公顷,南方地区用量为1200~1500毫升/公顷。具体的喷药量为背负式喷雾器300升/公顷,拖拉机喷雾器200升/公顷。

③注意事项 土壤干旱会影响普乐宝的除草效果;低温多雨地区及低洼地也可能出现药害。

(8)33%除草通乳油

①防治对象 对马唐、稗草、狗尾草、马齿苋、藜等1年生禾本科杂草及阔叶杂草有抑制作用。

②使用技术 大豆播种前,整好地,田间泥块要整细,每667平方米用33%除草通乳油200~250毫升,对水70升,均

匀喷洒于土表,施要后进行浅混土,混土一定要充分、均匀,混土后即可播种。

③注意事项　土壤砂性重,有机质含量低的田块不宜使用;大豆播种深度应在药层以下,以免种子直接接触到药剂而产生药害;除草通对2叶期内的1年生杂草效果好,对2叶期以上及多年生杂草效果差甚至无效。

(9)48%氟乐灵乳油加7%赛克津可湿性粉剂

①防除对象　同氟乐灵、赛克津。

②使用技术　大豆播种前,田间泥块要整细,每667平方米用48%氟乐灵75毫升加70%赛克津30克,对水50升,均匀喷洒于土表,施药后立即进行浅混土,混土要充分、均匀,混土后即可播种。

③注意事项　防除杂草比氟乐灵、赛克津单用好,能有效防除1年生单、双子叶杂草。其他同氟乐灵、赛克津单用的注意事项。

(10)80%治草醚可湿性粉剂

①防治对象　对稗草、千金子、鸭跖草、苋菜、本氏蓼、藜、马齿苋、龙葵、苘麻、豚草、鬼针草、猪毛菜、地肤、荠菜、锦葵、轮生粟米草等有抑制作用。

②使用技术　于地开沟粗平整后,每667平方米用80%治草醚125~160克,对水50升左右,均匀喷雾于土表,施药后进行混土,混土深度为2.5~7厘米,混土要充分、均匀,混土后进行大豆播种。于大豆播种后至出苗前,每667平方米用80%治草醚85~125克,对水35升左右,均匀喷洒于土表;如遇干旱,施药后进行浅混土,混土深度一般为2~3厘米。

③注意事项　治草醚对阔叶杂草效果好,对禾本科杂草效果差,对阔叶杂草与禾本科杂草混合发生的田块,可与氟乐

灵、拉索等除草剂混用,以扩大杀草谱;治草醚施用后要混土,可减轻对作物的药害,一般混土越深,药害越轻。

(11)48%地乐胺乳油

①防除对象 可防除稗草、马唐、野燕麦、狗尾草、金狗尾草、臂形草、猪毛菜、藜、芥菜、菟丝子等1年生禾本科和一些阔叶杂草。对大豆菟丝子有独特防效。对后茬作物安全。

②使用技术 大豆播种前或播后出苗前进行土壤处理,用药量为3～4.5升/公顷;若只是为防除大豆菟丝子,可以进行茎叶喷雾处理,在大豆始花期(菟丝子转株为害时),采用药剂的100～200倍稀释液喷雾,每平方米喷药量为75～150毫升。人工背负式喷雾器喷液量为300～450升/公顷,拖拉机喷雾机喷液量为150～300升/公顷。

③注意事项 土壤处理时喷药后一定要覆土,覆土厚度为3～5厘米;防除大豆菟丝子时,喷雾一定要均匀,使被菟丝子缠绕的茎都能接受药剂,提高防除效果。

(12)50%利谷隆可湿性粉剂加48%氟乐灵乳油

①防除对象 防除草种类同利谷隆和氟乐灵。

②使用技术 大豆播种前,整好地,田间泥块要整细,每667平方米用50%利谷隆100克加48%氟乐灵75～100毫升,对水35升左右,均匀喷洒于土表,施药后立即混土,混土深度为2～3厘米,混土后进行播种。

③注意事项 使用注意事项同利谷隆和氟乐灵。

2. 播后苗前土壤处理

(1)48%广灭灵乳油

①防除对象 广灭灵的杀草谱较宽,主要用于大豆田多种1年生禾本科杂草和阔叶杂草,如稗草、狗尾草、马唐、野燕麦、牛筋草、藜、鬼针草、铁苋菜、狼把草、荠菜、香薷、野西瓜

苗、酸模叶蓼、本氏蓼、萹蓄、龙葵、苍耳等的防除,对多年生的刺儿菜、问荆、苣荬菜等也有抑制作用。

②使用技术　广灭灵是芽前除草剂,施药最佳时期应在杂草萌芽前,即在大豆播种后出苗前,或播种前混土施药。单用剂量为48%广灭灵乳油每公顷2250～2500毫升。也可以与其他农药混用,以扩大杀草谱。如48%广灭灵乳油750～1000毫升/公顷加50%乙草胺乳油1000～1500毫升/公顷,或48%广灭灵乳油750～1000毫升/公顷加70%嗪草酮(赛克津)可湿性粉剂1000～1500克/公顷。在施广灭灵时应尽量缩短播种于施药时间的间隔。施药后应浅覆土,以免药剂挥发而造成损失。药剂的加水量根据使用的药械而定,拖拉机喷雾器喷药量为250升/公顷,人工背负式喷雾器喷药量为300升/公顷。

③注意事项　用药量要准确,药液要充分搅拌均匀,同时要调整好喷雾器,使喷雾均匀,做到不重喷不漏喷。在使用人工背负式喷雾器施药时,应顺着垄行走保持步幅均匀,同时保持喷头高度一致;广灭灵一般不适宜苗后茎叶喷雾,苗前土壤处理施药后要立即覆十,播前施药可用圆盘耙交叉耙5～7厘米或播后苗前施药耥蒙头土1～2厘米,以防风蚀和挥发;应根据土壤质地和有机质含量确定用药量,土壤有机质含量高或土壤为粘质土可用高剂量;土壤有机质含量低或土壤为砂质土用低药剂量;土壤有机质低于2%的瘠薄土壤,易淋洗的砂壤土和pH值高于7.5以上的大豆田不要用广灭灵与嗪草酮(赛克津)混用,否则会引起大豆药害;广灭灵的雾滴和气雾会随风飘移到邻近的树木和其他作物上,可导致植物变白或变黄;广灭灵在剂量较高或施药不均匀时,可使后茬小麦严重受害,植株矮化、变白,产量降低。其他作物也有可能出现白

化叶片。

(2)80％阔草清干燥悬乳剂

①防除对象　对本氏蓼、藜、反枝苋、铁苋菜、苘麻、卷茎蓼、苍耳、水棘针、野西瓜苗、蓼、繁缕、猪殃殃、毛茛、地肤、龙葵等1年生阔叶杂草有抑制作用。

②使用技术　单用药量为80％阔草清干燥悬浮剂56～75克/公顷，对水300升/公顷喷雾。若想兼治禾本科杂草必须与禾本科除草剂混用。混用药量为80％阔草清干燥悬浮剂56～75克/公顷混加50％乙草胺乳油2.5～3升/公顷，或混加72％都尔乳油2升/公顷。

③注意事项　施药前后土壤墒情对药效影响较大，土壤干旱情况下药效明显下降；使用阔草清一定要与禾本科除草剂混用。

(3)70％赛克津可湿性粉剂

①防除对象　正常用量下，赛克津以防除1年生阔叶杂草为主，如反枝苋、荠菜、鬼针草、藜、蓼、马齿苋、繁缕、遏蓝菜等；用量达1千克/公顷以上时，可防除苋菜、水棘针、香薷、鼬瓣花、苘麻、卷茎蓼、苍耳等。

②使用技术　赛克津为芽前除草剂，使用时间为大豆播种后出苗前。单用赛克津剂量为500～1000克/公顷。根据施药时的气候和土壤条件确定用药量，注意土壤有机质含量太低的砂质土不宜使用，以免产生药害；土壤质地过于粘重的地块，使用剂量应增加1/4。

赛克津可与都尔或乙草胺混用，以扩大除草谱，参考用量为70％赛克津可湿性粉剂300～600克/公顷加72％都尔乳油1.5～2.5升/公顷；70％赛克津可湿性粉剂300～600克/公顷加50％乙草胺乳油2～3升/公顷。土壤有机质含量低的地块用低量,有机质含量高及粘重土壤用高量。

为保证药效,最好在播种后立即施药。人工背负式喷雾器喷药液量为300升/公顷,拖拉机喷雾器为200升/公顷。

③注意事项　土壤有机质含量2%以下的砂质土田块不要使用赛克津,以免雨水淋溶造成药害。

(4)50%速收可湿性粉剂

①防除对象　以防除1年生阔叶杂草为主。对本氏蓼、酸模叶蓼、藜、鼬瓣花、铁苋菜、香薷、龙葵、反枝苋、鸭跖草、地锦、萹蓄、水棘针等有良好防效,对苍耳防效稍差,对禾本科杂草及多年生的苣荬菜有一定的抑制作用。

②使用技术　速收用于大豆播后苗前土壤处理,也可以在前1年秋季施药。用药量为120~180克/公顷。使用人工背负式喷雾器,喷药液量为300升/公顷,土壤干旱时应增加喷药量。

③注意事项　一是速收对禾本科杂草虽有抑制作用,但防效很低,应与防除禾本科杂草的除草剂混用,以扩大杀草谱。如混加90%乙草胺乳油1 000~1 500毫升/公顷,或72%异丙甲草胺乳油1 500~3 000毫升/公顷。混用时可适当减少用量(1/3~1/2);二是正常气候条件下对大豆安全,如果大豆出苗期遇强降雨,土壤表面药土溅到叶片及生长点上可造成药害,若未造成整株枯死,植株还可以从子叶叶腋处生出新枝继续生长。

(5)50%禾宝乳油

①防除对象　该药是一种高效、广谱、安全的新型除草剂。可以有效防除多种1年生禾本科杂草和阔叶杂草,对马唐、稗草、牛筋草、狗尾草、大画眉草、千金子、虎尾草、酸模叶蓼、小藜、灰绿藜、反枝苋、刺苋、凹头苋、马齿苋、铁苋菜、鳢肠

和龙葵等最为有效,对部分多年生杂草和莎草科杂草也有明显的抑制作用。

②使用技术 50%禾宝乳油的用药量依土壤质地而定,砂质土壤用药量为1500～1800克/公顷,粘土地及有机质含量高的地块用药量为1800～1950克/公顷,只能用背负式手动喷雾器或拖拉型机动喷雾器施药,严禁使用背负式机动弥雾机施药。施药要均匀周到,不要重喷和漏喷。施药后不要在地中践踏,以免破坏药土层而影响除草效果。

③注意事项 禾宝乳油最好在作物播种后3天内用药,庄稼苗出土后严禁用药;施药地块要精细整地,要求达到地平、土碎、无坷垃。天气干旱时,要在播种作物前先浇水补墒;夏季温度高,水分蒸发快,最好在下午四时后施药,中午前后及大风天气严禁施药。施药时药液不要飘移到相邻地块的作物上。

(6)20%豆磺隆可溶性粉剂

①防除对象 可有效防除藜、铁苋菜、香薷、野西瓜苗、本氏蓼、龙葵、反枝苋、卷茎蓼、水棘针、苘麻、苍耳等,对多年生的刺儿菜、苣荬菜等阔叶杂草也有抑制作用。

②使用技术 豆磺隆宜用作土壤处理,在大豆播种后2～3天施药,用药量为20%豆磺隆可溶性粉剂60～75克/公顷,对水300升/公顷喷雾。配药时,先用少量的水将药粉充分溶解,再加足量的水搅拌均匀后喷雾。

③注意事项 土壤干旱时会影响药效;豆磺隆以防除阔叶杂草为主,使用时应与乙草胺等禾本科杂草除草剂混用。

(7)50%利谷隆可湿性粉剂

①防除对象 对稗草、牛筋草、狗尾草、马唐、蓼、藜、马齿苋、鬼针草、苋菜、卷耳、猪殃殃等,对香附子、空心莲子草也有

较好的防效。

②使用技术 一般在大豆播种后至出苗前,田间泥块要整细,每 667 平方米用 50%利谷隆 150～200 克,对水 50 升左右,均匀喷洒于土表。

③注意事项 大豆田使用,要求大豆播种深度为 4～5 厘米,过浅易产生药害;土壤有机质含量低于 1%或高于 5%不宜使用,沙性重,雨水多的地区不宜使用;喷雾器具使用后要清洗干净。

(8)48%拉索乳油

①防除对象 对稗草、马唐、狗尾草、蟋蟀草、马齿苋等 1年生禾本科杂草及部分阔叶杂草以及菟丝子有抑制作用。

②使用技术 大豆播种后至出苗前,每 667 平方米用48%拉索乳油 150～300 毫升,对水 60 升,均匀喷洒于土表;大豆出苗后,菟丝子缠绕初期,每 667 平方米用 48%拉索乳油 200 毫升,对水 30 升,均匀喷雾被菟丝子缠绕的大豆茎叶。

③注意事项 拉索对已出土的杂草基本无效,对双子叶杂草效果差;使用后半个月内不下雨,要抗旱或浅混土,以保证药效;拉索对眼睛有刺激作用,在配药时要采取保护措施。在菟丝子缠绕初期效果好,冒顶后效果就差;喷雾要均匀、周到,喷雾透过菟丝子缠绕的茎叶。

(9)48%拉索加 50%扑草净可湿性粉剂

①防除对象 对稗草、马唐、千金子、狗尾草、野苋、马齿苋、藜、蓼、繁缕、车前草等 1 年生单、双子叶杂草有抑制作用。

②使用技术 大豆播种后至出苗前,每 667 平方米用48%拉索 100 毫升加 50%扑草净 100 克,对水 35 升,均匀喷洒于土表。

③注意事项 大豆出苗后,停止使用,以免药液直接喷到

豆苗而产生药害。其他同拉索、扑草净单用注意事项。

(10)25%敌草隆可湿性粉剂

①防除对象　对稗草、马唐、蓼、藜、野苋、莎草等1年生禾本科杂草及阔叶杂草有抑制作用。

②使用技术　大豆播种后至出苗前，每667平方米用25%敌草隆200～250克或再加25%除草醚200克，对水35升，均匀喷洒于土表。

③注意事项　大豆出苗后禁止用；在砂质土用量用低限；用药后要防止大雨冲刷和田间积水，以免发生药害；喷雾器具使用后要清洗干净。

(11)25%绿麦隆可湿性粉剂

①防除对象　对狗尾草、马唐、稗草、苋、附地菜、藜、看麦娘、繁缕、雀舌草、苍耳等有抑制作用。

②使用技术　大豆播种后至出苗前，每667平方米用25%绿麦隆可湿性粉剂200～300克。

③注意事项　大豆出苗后停止使用；在砂质土用量要用低限；喷雾器具使用后要清洗干净；不宜在盐碱地使用。

(12)10%利收乳油

①防除对象　对反枝苋、苍耳、本氏蓼、苘麻、卷茎蓼、水棘针、藜、龙葵、地锦等1年生阔叶杂草有抑制作用。

②使用技术　施药适期为大豆1～2片复叶期，阔叶杂草基本出齐，株高5～7厘米。用药量为10%利收乳油450～675毫升/公顷，喷液量300升/公顷。

③注意事项　利收使用时一定要与防除禾本科杂草的茎叶处理除草剂混用，必要时可使用三元混配，以扩大杀草谱；干旱、大风天气不要施药。

(13)25％苯达松水剂

①防除对象　对苍耳、鸭跖草、马齿苋、荠菜、苦荬菜、繁缕、曼陀罗、苘麻、猪殃殃、豚草、莎草、加拿大蓬等有抑制作用。

②使用技术　大豆苗后第一片至第三片复叶期,田间阔叶杂草一般在2～5叶期,每667平方米用25％苯达松水剂200～250毫升,对水30升,均匀喷雾杂草茎叶。

③注意事项　苯达松施药后8小时内不能下雨,以免雨水冲刷而影响药效;大豆田在干旱或低温雨涝时施药,可能会产生药害;苯达松对禾本科杂草无效。

(14)73.9％仙治乳油

①防除对象　对狗尾草、马唐、稗草、蟋蟀草、野燕麦、雀麦、野黍、野豌豆、马齿苋、野苋、锦葵、荠菜、鬼针草、野荞麦等1年生杂草有抑制作用。

②使用技术　大豆播种后至出苗前,每667平方米用73.9％仙治乳油60～100毫升,对水50升左右,均匀喷洒于土表。

③注意事项　仙治对已出土的杂草无效,使用前必须把已出土的杂草铲除干净;仙治只能作土表喷洒处理,对茎叶喷雾对杂草无效。

(15)24％杂草焚水溶剂

①防除对象　对铁苋菜、苋、灰藜、野西瓜苗、曼陀罗、苍耳、马齿苋、旋花科、茜草科、苘麻、粟米草、鸭跖草等1年生阔叶杂草有抑制作用。

②使用技术　在大豆苗后,一般大豆1～3片复叶期,田间1年生阔叶杂草基本出齐,处于生长初期至盛期,一般杂草在2～4叶期使用,每667平方米用24％杂草焚水溶剂50～

75毫升,对水25升,均匀喷雾杂草茎叶。

③注意事项　大豆受干旱、水淹、肥料过多或土壤中含盐碱过多,风伤、霜伤等不良环境及高温时,不宜使用杂草焚;施药后8小时内不能下雨,以免雨水冲刷而影响药效;施药最好在大豆3片复叶前,超过3片复叶期会因遮盖而降低药效,同时3片复叶期后使用易对大豆产生药害;杂草焚使用后可能会引起大豆幼苗烧伤、变黄,但几天后即可恢复,对大豆产量没影响;夏大豆生长季节温度较高,易发生药害,因此必须酌情减少用量和掌握安全用药期。

(16)25％虎威(氟磺胺草醚)水剂

①防除对象　对苘麻、铁苋菜、鬼针草、苋属、鳢肠属、藜、荠菜、鸭跖草、曼陀罗、蓼、猪殃殃、苍耳、地锦草等1年生阔叶杂草有抑制作用。·

②使用技术　大豆苗后,一般在大豆1～2片复叶期,田间阔叶杂草在1～3叶期,每667平方米用25％虎威水剂40～75毫升,对水30升,均匀喷雾杂草茎叶。

③注意事项　虎威对3叶期内的杂草效果好,超过3叶期应适当提高用量,不然会影响药效;虎威对大豆安全,对其他作物苗后有药害,使用时切勿喷到其他作物上;施药时要穿戴劳保用品,施药后喷雾器具要清洗干净。

(17)10％禾草克乳油

①防除对象　对稗草、马唐、蟋蟀草、狗尾草、狗牙根、双穗雀稗、芦苇、画眉草等1年生及多年生禾本科杂草有抑制作用。

②使用技术　大豆苗后2～3片复叶期,田间禾本科杂草基本出齐,处于生长旺盛期,一般2～5叶期施药。防除1年生禾本科杂草每667平方米用10％禾草克乳油40～60毫

升,防除多年生禾本科杂草,每667平方米用10%禾草克乳油50~100毫升,对水30升,均匀喷雾杂草茎叶。

③注意事项　禾草克对禾本科作物敏感,施药时切勿喷到临近禾本科作物上,以免对这些作物产生药害;禾草克在土壤湿润情况下除草效果好;田间禾本科杂草叶龄在2~3叶期用量要用低限量,5~6叶期用高限量;施药后喷雾器具要清洗干净。

(18)12.5%盖草能乳油

①防除对象　防除杂草类同禾草克。

②使用技术　大豆苗后2~3片复叶期,田间禾本科杂草2~5叶期施药。防除1年生禾本科杂草,每667平方米用盖草能乳油40~50毫升,防除多年生禾本科杂草用50~100毫升,均对水30升,均匀喷雾杂草茎叶。

③注意事项　盖草能可与虎威混用,以扩大对阔叶杂草的防除效果,其他同禾草克。

(19)35%稳杀得乳油

①防除对象　防除杂草类同禾草克。

②使用技术　大豆苗后2~3片复叶期,田间禾本科杂草2~5叶期施药。防除1年生禾本科杂草,每667平方米用35%稳杀得乳油50~75毫升;防除多年生禾本科杂草,每667平方米用35%稳杀得乳油75~125毫升,对水30升,均匀喷雾杂草茎叶。

③注意事项　稳杀得可与虎威混用,以扩大对阔叶杂草的防除效果,其他同禾草克。

(20)20%拿捕净乳油

①防除对象　防除杂草类同禾草克。

②使用技术　大豆苗后,于2~3片复叶期,田间禾本科

杂草 2～5 叶期施药。防除 1 年生禾本科杂草,每 667 平方米 20%拿捕净乳油 65～150 毫升,防除多年生禾本科杂草,每 667 平方米用 20%拿捕净乳油 150～200 毫升,对水 30 升,均匀喷雾杂草茎叶。

③注意事项　拿捕净可与虎威混用,以扩大对阔叶杂草的防除效果,其他同禾草克。

3. 苗后茎叶处理

(1)6.9%威霸浓乳剂

①防除对象　对稗草、马唐、狗尾草、野燕麦、黑麦草、臂形草、画眉草、牛筋草、野黍、雀麦、千金子等 1 年生和多年生禾本科杂草有抑制作用。

②使用技术　大豆出苗后,禾本科杂草 2～4 叶期进行茎叶喷雾,用药量为 6.9%威霸浓乳剂 750～1050 毫升/公顷,人工背负式喷雾器喷液量为 300 升/公顷,拖拉机喷雾器为 200 升/公顷。

③注意事项　可与杂草焚、克阔乐、虎威等防除阔叶杂草的除草剂现混现用;加入表面活性剂可提高药效;避免药剂飘移到禾本科作物上。

(2)25%虎威水剂

①防除对象　对反枝苋、刺苋、凹头苋、铁苋菜、龙葵、青葙、牵牛花、香薷、水棘针、狼把草、鳢肠、柳叶刺蓼、田旋花、酸模叶蓼、猪殃殃、藜、鸭跖草、马齿苋、繁缕、苘麻、苍耳等 1 年生阔叶杂草有效。

②使用技术　用做大豆苗后茎叶处理剂,用量为 1000～1500 毫升/公顷,大豆 1～3 片复叶期,杂草 2～4 叶期施药。在土壤水分、空气湿度适宜时,有利于杂草对虎威的吸收输导,长期干旱,低温和空气相对湿度低于 65%时不宜施药。

虎威在土壤中的残效期长,用量过大时对白菜、高粱、玉米、小麦等后茬作物产生药害应引起注意。

③注意事项　本剂在土壤中残留时间较长,正常用量,后茬种小麦或续种大豆不会有药害。后茬种玉米、高粱可能有轻度影响。应均匀施药,严格掌握用药量,选择安全的后茬作物;大豆与其他敏感作物间作,混种时不宜使用;干旱等不良环境条件影响下使用本剂,大豆叶片有时会有轻度抑制或叶片皱褶,褐斑,暂时萎凋,经1周后可恢复正常,不影响后期生长;首次使用本剂或更新大豆品种及与其他药剂混配使用,须在当地植保部门指导下应用,加入适量助剂可显著提高药效。

(3)10%禾草克乳油、5%精禾草克乳油

①防除对象　精禾草克对禾本科杂草有很高的防效,可以防除的1年生禾本科杂草有野燕麦、看麦娘、日本看麦娘、臂形草、稗草、马唐、牛筋草、狗尾草、金狗尾草、千金子等;可以防治的多年生禾本科杂草有白茅、狗牙根、双穗雀稗、芦苇等。精禾草克对莎草及阔叶杂草无效。

②使用技术　精禾草克具很高的选择性,几乎所有的阔叶作物田都能使用。施药时期为禾本科杂草3~5叶期。用药量为5%精禾草克乳油750~900毫升/公顷。防除狗尾草、野菜时需增加至900~1050毫升。防除多年生杂草芦苇南方需1 200~1 500毫升/公顷,东北、内蒙古、新疆等为1500~1950毫升/公顷。在阔叶杂草多的大豆田,精禾草克可以与苯达松、杂草焚、虎威等防除阔叶杂草的除草剂混用。精禾草克与上述二种除草剂混用不影响精禾草克对禾本科杂草的防效,但对某些种类的阔叶杂草防效有所降低。在这种情况下应适当提高阔叶除草剂的用量,使用配方量的上限。施用后需间隔2~3小时降雨才不影响药效。

③注意事项　为取得稳定效果,应对杂草进行普遍喷淋;土壤干燥或气候寒冷,杂草生长缓慢,叶面小而吸收药少,或以多年生禾本科杂草为主时,应适当增加用量;加水稀释时,要充分搅拌使其完全乳化;避免药物飘移到小麦、玉米、水稻等禾本科作物上。喷雾器使用前、后要清洗干净;本剂在高温、干燥等异常条件下,在作物叶面(主要是大豆)有时会出现接触性药斑,但以后长出的新叶生长正常。

(4)12.5%拿捕净机油乳油

①防除对象　拿捕净可防除稗草、狗尾草、马唐、野燕麦、牛筋草、看麦娘、千金子、雀麦、芒稷、野黍等禾本科杂草。

②使用技术　拿捕净乳油用于大豆出苗后,禾本科杂草3～5叶期进行茎叶处理,东北地区用量为1 000～2 000毫升/公顷,喷药液量为200升/公顷。生长季节雨水充足,空气相对湿度大,气温高有利于药效发挥,可使用低用药量;反之,则应使用高用药量。

③注意事项　施药时高温会增加药剂的挥发量,应避开中午高温时段,选早晚气温低的时段进行施药;应注意施药时期,杂草苗龄大小对药效有影响,施药时大部分杂草应在3～4叶期,杂草分蘖后施药则药效会降低。

(5)15%精稳杀得乳油

①防除对象　可防除稗草、野燕麦、狗尾草、金狗尾草、牛筋草、看麦娘、千金子、画眉草、雀麦、大麦属、黑麦属、稷属、早熟禾、狗牙根、双穗雀稗、假高粱、芦苇、野黍、白茅、匍匐冰草等1年生和多年生禾本科杂草。

②使用技术　精稳杀得用于大豆出苗后茎叶处理,禾本科杂草3～5叶期施药,环境条件好时用量为750毫升/公顷;较长时间的干旱少雨或杂草叶龄超过5叶时,用量为1 000

毫升/公顷。每公顷的喷药液量为 200～300 升。

③注意事项　精稳杀得是单防禾本科杂草的茎叶处理除草剂，可与虎威等防除阔叶杂草的茎叶处理剂现混现用，能够 1 次施药防除单、双子叶杂草。不能与激素类除草剂 2,4-D 等混用，以免降低药效。在药液中加入表面活性剂可以提高药效。

(6)12％收乐通乳油

①防除对象　主要用于大豆田多种 1 年生和多年生禾本科杂草，如稗草、狗尾草、马唐、野燕麦、毒麦、牛筋草、千金子、早熟禾、芦苇、蓿根高粱等。

②使用技术　收乐通用于大豆出苗后进行茎叶处理，最佳施药时期为禾本科杂草 2～4 叶期，用药量为 12％收乐通乳油 525～600 毫升/公顷。人工背负式喷雾器用药液量为 300 升/公顷，拖拉机喷雾器为 200 升/公顷。

③注意事项　收乐通是内吸传导型除草剂，施用后需 5～7 天才出现效果，心叶极易拔出，不要急于再次喷药；收乐通是专门防除禾本科杂草的除草剂，因此施药时要特别注意不要飘移到禾本科作物上，如小麦、玉米、水稻、高粱、谷子等，以免造成药害；收乐通极易被禾本科植物吸收，施药 1 小时后降雨不会影响药效，不用重新喷药；收乐通可与利收、虎威、克阔乐、杂草焚等混用，1 次施药即可兼防禾本科杂草和阔叶杂草；如错过最佳施药时期，在禾本科杂草 4～7 叶期也可施药，而且也可取得较好的防效，如在施药时气候干旱将会影响药效；在干旱和杂草较大时，或防除芦苇等多年生禾本科杂草时，应适当增加用药量，药液中加入表面活性剂也有利于提高药效。

(7)44％克莠灵水剂

①防除对象　可有效地防除大豆田的常见阔叶杂草,如苘麻、野西瓜苗、铁苋菜、苍耳、龙葵、反枝苋、凹头苋、豚草、狼把草、鬼针草、荠菜、遏蓝菜、藜、小藜、曼陀罗、猩猩草、美洲地锦草、向日葵、裂叶牵牛、圆叶牵牛、马齿苋、大果田菁、刺黄花稔、柳叶刺蓼、酸模叶蓼、节蓼、红蓼、水棘针、香薷、鸭跖草(1～2叶期)、苣荬菜、刺儿菜、大蓟、蒿属、猪毛菜等阔叶杂草。

②使用技术　在大豆1～3片复叶期,杂草一般在2～4叶期,一般株高5～10厘米(生长旺盛期)时施药。用药量为900毫升/公顷。另外对香附子、异型莎草等莎草科杂草发生重的田块,提倡用药2次,即在杂草2～4叶期进行第一次用药,隔7天左右进行第二次用药,可明显增强对多年生杂草的防效。阔叶杂草小、水分好用低药量,反之用高药量。分期施药即在杂草幼嫩(2～4叶期)生长旺盛期进行,用药量为推荐用药量的低量。其优点是对杂草防治持效期长,具有突出的选择性。

③注意事项　施药后6小时内遇降雨会降低药效;施药应选早晚温度较高、风小时进行,空气相对湿度低于65％,温度高于28℃时应停止施药;气候恶劣时,如干旱、低温、长期积水、排水不良或大豆、花生生长发育不良,耐药性差,在这种情况下,不宜用药;人工施药,宜选择扁形喷嘴、顺垄逐垄施药,不用左右甩动,以保证喷洒均匀。

(8)24％克阔乐乳油

①防除对象　可防除苍耳、反枝苋、龙葵、苘麻、柳叶刺蓼、酸模叶蓼、节蓼、卷茎蓼、铁苋菜、野西瓜苗、狼把草、鬼针草、藜、小藜、香薷、水棘针、鸭跖草(3叶期前)、地肤、马齿苋、

豚草等1年生阔叶杂草,对多年生的苣荬菜、刺儿菜、大蓟、问荆等有较强的抑制作用,在干旱条件下对苍耳、苘麻、藜的效果明显下降。

②使用技术 大豆出苗后1.5～2片复叶期,阔叶杂草2～4片复叶期,一般株高3～5厘米时,为最佳施药期。施药过晚,杂草叶龄大,抗药性增强,药效不好。用药量为24%克阔乐乳油500毫升/公顷。土壤水分适宜的条件下施药效果好,施药要选早晚气温低、风小时进行,上午9时至下午3时停止施药,大风天不要施药,施药时风速不要超过每秒5米。用药量过高或遇不良环境条件,如低洼地、排水不良,低温高湿、田间长期积水,病虫为害等造成大豆生长发育不良,大豆易受药害。一般1～2周恢复正常生长,严重的可造成贪青晚熟,一般对产量无影响。

克阔乐主要防除马齿苋、反枝苋、铁苋菜等阔叶杂草,威霸主要防除马唐、牛筋草、稗草等禾本科杂草。二者混用时则可达到综合防除大豆田多种杂草的目的。

③注意事项 施药后,大豆茎叶可能出现枯斑型黄化现象,这是暂时接触性药斑,不影响新叶的生长,1～2周便恢复正常,不影响产量;杂草生长状况和气候都可影响克阔乐的活性,克阔乐对4叶期前生长旺盛的杂草杀草活性高;当气温、土壤、水分有利于杂草生长时施药,药效得以充分发挥,低温、持续干旱影响药效,施药后连续阴天,没有足够的光照,也影响药效的迅速发挥;空气相对湿度低于65%,土壤长期干旱或温度超过27℃时不应施药。

(9)21.4%杂草焚水剂

①防除对象 可防除龙葵、酸模叶蓼、柳叶刺蓼、节蓼、铁苋菜、反枝苋、凹头苋、刺苋、鸭跖草、水棘针、豚草、苘麻、藜(2

叶期以前)、苍耳(2 叶期以前)、曼陀罗、粟米草、马齿苋、裂叶牵牛、圆叶牵牛、卷茎蓼、香薷、狼把草、鬼针草等 1 年生阔叶杂草,对多年生的苣荬菜、刺儿菜、大蓟、问荆等有较强的抑制作用。

②使用技术 适于大豆苗后 3 片复叶期以前,阔叶杂草 2～4 叶期,一般株高 5～10 厘米时使用。施药过晚,大豆 3 片复叶期以后施药药效不好,不仅对苍耳、藜、鸭跖草效果不佳,而且大豆抗性减弱,加重药害,造成贪青晚熟减产。用药量为 21.4％杂草焚水剂 1000～1500 毫升/公顷。杂草小、水分好时用低药量,杂草大、干旱条件下用高药量。人工背负式喷雾器喷液量为 300～500 升/公顷,拖拉机喷雾机喷液量为 200 升/公顷。

③注意事项 大豆 3 片复叶以后,叶片会遮盖住杂草,此时施药会影响除草效果,并且大豆接触药剂多,抗药性减弱,会加重药害;大豆生长在不良的环境中,如遇干旱、水淹、肥料过多,或土壤中聚合过多盐碱,霜冻,最高日温低于 21℃或土温低于 15℃,均不应施用灭草焚,以免造成药害,应避免在 6 小时内可能下雨的情况下施药;为扩大杀草谱,提高对大豆安全性,大豆苗前用氟乐灵、灭草猛、都尔、拉索、茅毒等处理,苗后早期配合使用灭草焚,或药后与防除禾本科杂草的高效盖草能、精稳杀得等先后使用;空气相对湿度低于 65％,长期干旱,温度超过 27℃时不应施药。

(10)4％金豆水剂

①防除对象 可有效防治大多数 1 年生禾本科与阔叶杂草,如野燕麦、稗草、狗尾草、金狗尾草、看麦娘、稷、千金子、马唐、鸭跖草(3 叶期前)、龙葵、苘麻、反枝苋、藜、小藜、苍耳、香薷、水棘针、狼把草、繁缕、柳叶刺蓼、鼬瓣花、荠菜等,对多年

生的苣荬菜、刺儿菜等有抑制作用。

②使用技术　金豆的施药时期应在大豆出苗后2片真叶展开至第2片三出复叶展开这一段时期用药,同时要注意禾本科杂草应在2~4叶期,阔叶杂草应在2~7厘米高时用药。防治苍耳应在苍耳4叶期前施药,对未出土的苍耳药效差。防治鸭跖草2叶期施药最好,3叶期以后施药药效差。用药量为4%金豆水剂1125~1245毫升/公顷,使用低剂量时须加入喷液量2%的硫酸铵,土壤水分适宜,杂草生长旺盛及杂草幼小时用低剂量,干旱条件及难防治杂草多时用高剂量。当苣荬菜、问荆、刺儿菜、鸭跖草危害严重时,金豆可与广灭灵、排草丹(灭草松)混用;当鸭跖草、苣荬菜、问荆危害严重时,金豆可与虎威混用;当鸭跖草、龙葵危害严重时,金豆可与杂草焚混用;当龙葵、鸭跖草、苣荬菜危害严重时金豆可与克阔乐混用。

金豆是咪唑啉酮类除草剂中短残留品种,施药后土壤中的药剂绝大部分分解失效,因而对绝大多数后茬作物安全,在一年一熟地区的轮作中,不会伤害后茬作物,但当混作、间种及复种时,则需考虑不同作物的敏感性及间隔时期。

全田施药或苗带施药均可,人工背负式喷雾器喷液量为300~600升/公顷,拖拉机喷雾机喷液量为200升/公顷。不能用超低容量喷雾器或背负式机动喷雾机进行超低容量喷雾,因药液浓度过高时有药害。

③注意事项　人工施药应特别注意,在施药前做喷液量测试;应选择早晚气温低、湿度大时施药,一般晴天8~9时以前、16~17时以后施药效果好。当空气相对湿度低于65%或大风天应停止施药。

(11)48％排草丹水剂

①防除对象　可防除苍耳、反枝苋、凹头苋、刺苋、蒿属、刺儿菜、大蓟、狼把草、鬼针草、酸模叶蓼、柳叶刺蓼、节蓼、马齿苋、野西瓜苗、猪殃殃、向日葵、辣子草、野萝卜、猪毛菜、刺黄花稔、苣荬菜、繁缕、曼陀罗、藜、小藜、龙葵、鸭跖草（1～2叶期效果好，3叶期以后药效明显下降）、豚草、遏蓝菜、旋花属、芥菜、苘麻、野芥、芸薹属等多种阔叶杂草。

②使用技术　使用时期为大豆苗后 2～3 片复叶期，阔叶杂草 2～5 叶期，一般株高 5～10 厘米。用药量为 48％排草丹水剂 1500～3000 毫升/公顷。土壤水分适宜、杂草生长旺盛和杂草幼小时用低药量，干旱条件下或杂草大及多年生阔叶杂草多时用高药量。排草丹对苍耳有特效。全田施药或苗带施药均可，人工背负式喷雾器喷液量为 300～450 升/公顷，拖拉机喷雾机喷液量为 200 升/公顷。

排草丹分期施药效果好。施药应选早晚气温低、风小时进行，晴天上午 9 时至下午 3 时应停止施药，大风天不要施药，施药时风速不宜超过每秒 5 米。不能进行超低容量喷雾。人工施药应选用扇形喷嘴，顺垄施药，1 次喷 1 条垄，定喷头高度、压力、行走速度，不能左右甩动施药，以保证喷洒均匀。为了防治稗草、野燕麦、狗尾草、金狗尾草、野黍、马唐、牛筋草等禾本科杂草，排草丹可与高效盖草能、精稳杀得、拿捕净、威霸等除草剂混用。

③注意事项　旱田使用排草丹应在阔叶杂草及莎草出齐幼苗时施药，并且使杂草茎叶充分接触药剂；排草丹在高温晴天活性高、除草效果好，阴天和气温低时效果差。施药后 8 小时内应无雨。在极度干旱和水涝的田间不宜使用排草丹，以防发生药害。

(12) 10％利收乳油

①防除对象　可防除藜、小藜、香薷、水棘针、反枝苋、凹头苋、苘麻、龙葵、苍耳、酸模叶蓼、柳叶刺蓼、节蓼等1年生阔叶杂草，对铁苋菜、鸭跖草有一定的防效，对多年生的苣荬菜、刺儿菜、大蓟等有抑制作用。

②使用技术　大豆苗后2～3片复叶期，阔叶杂草2～4时期，最好在大豆2片复叶期，大多数杂草出齐时施药。用药量10％利收乳油45～67.5克/公顷。杂草小，在水分条件适宜，杂草生长旺盛时用低药量；杂草大，天气干旱少雨时用高药量。全田施药或苗带施药均可。人工背负式喷雾器喷液量为300～450升/公顷，拖拉机喷雾机喷液量200升/公顷。大豆出苗后施药不要进行超低容量喷雾，因药液浓度过高对大豆叶有伤害。特别注意大风天不要施药，不要随意降低喷头高度，不要把全田施药变成苗带施药，甚至苗眼施药，这样会造成严重药害。

③注意事项　药剂稀释后要尽快使用，不要长时间搁置；宜在晴天的上午喷药。为了不影响药效，不要在高温、干旱、大风的情况下施药。

四、大豆田除草剂单用除草谱

大豆田除草剂单用除草谱见表5-1。

表5-1　大豆田除草剂单用除草谱

除草剂	用药量(升/公顷)	野燕麦	稗草	狗尾草	金狗尾草	马唐	酸模叶蓼	柳叶刺蓼	反枝苋	藜	龙葵	苍耳	狼把草	鸭跖草	鼬瓣花	香薷	苘麻	大蓟	刺儿菜	苣荬菜	问荆	芦苇
氟乐灵 48%	2～2.5	Ⅲ	Ⅲ	Ⅲ	Ⅱ	Ⅲ	Ⅲ	Ⅲ	Ⅲ	Ⅲ	—	—	—	Ⅱ	—	—	—	—	—	—	—	—
卫农 88%	2.5～3.5	Ⅲ	Ⅲ	Ⅲ	Ⅲ	Ⅲ	Ⅲ	Ⅲ	Ⅲ	Ⅲ	—	—	Ⅲ	Ⅲ	—	—	—	—	—	—	—	—
拉索 48%	7～9	Ⅰ	Ⅲ	Ⅲ	Ⅲ	Ⅲ	Ⅲ	Ⅲ	Ⅲ	Ⅲ	Ⅲ	—	Ⅲ	Ⅲ	—	—	—	—	—	—	—	—
都尔 72%	1.5～2.5	Ⅰ	Ⅲ	Ⅲ	Ⅲ	Ⅲ	Ⅲ	Ⅲ	Ⅲ	Ⅲ	Ⅲ	—	Ⅲ	Ⅲ	—	—	—	—	—	—	—	—
乙草胺 50%	2.5～3.5	Ⅲ	Ⅲ	Ⅲ	Ⅲ	Ⅲ	Ⅲ	Ⅲ	Ⅲ	Ⅲ	Ⅲ	—	Ⅲ	Ⅲ	Ⅲ	Ⅲ	Ⅰ	—	—	—	—	—
拿捕净 12.5%	1.25～1.5	Ⅲ	Ⅲ	Ⅲ	Ⅲ	Ⅲ	—	—	—	—	—	—	—	—	—	—	—	—	—	—	—	Ⅲ
精稳杀得 15%	0.75～1	Ⅲ	Ⅲ	Ⅲ	Ⅲ	Ⅲ	—	—	—	—	—	—	—	—	—	—	—	—	—	—	—	Ⅲ
禾草克 10%	0.75～1	Ⅲ	Ⅱ	Ⅲ	—	—	—	—	—	—	—	—	—	—	—	—	—	—	—	—	—	—
禾草灵 28%	2.5～3	Ⅲ	Ⅲ	Ⅲ	—	Ⅲ	—	—	—	—	—	—	—	—	—	—	—	—	—	—	—	Ⅲ
威霸 7.5%	0.6～0.75	Ⅲ	Ⅲ	Ⅲ	Ⅲ	Ⅲ	—	—	—	—	—	—	—	—	—	—	—	—	—	—	—	Ⅱ
盖草能 12.5%	0.75～1	Ⅱ	Ⅲ	Ⅲ	Ⅲ	Ⅲ	—	—	Ⅱ	—	—	—	—	—	—	—	—	—	—	—	—	Ⅲ
广灭灵 48%	0.8～1	Ⅲ	Ⅲ	Ⅲ	Ⅲ	Ⅲ	Ⅲ	Ⅲ	Ⅲ	Ⅲ	Ⅲ	Ⅲ	Ⅲ	Ⅲ	Ⅲ	Ⅲ	Ⅲ	Ⅱ	Ⅱ	Ⅱ	Ⅱ	Ⅰ
普施特 5%	1.75	Ⅱ	Ⅲ	Ⅲ	Ⅲ	Ⅲ	Ⅲ	Ⅲ	Ⅲ	Ⅲ	Ⅲ	Ⅲ	Ⅲ	Ⅱ	Ⅱ	Ⅰ	Ⅲ	Ⅲ	Ⅱ	Ⅱ	Ⅱ	—

除草剂	用药量(升/公顷)	野燕麦	稗草	狗尾草	金狗尾草	马唐	酸模叶蓼	柳叶刺蓼	反枝苋	藜	龙葵	苍耳	狼把草	鸭跖草	鳢瓣花	香薷	苘麻	大蓟	刺儿菜	苣荬菜	问荆	芦苇
地乐胺48%	2.5～4	Ⅲ	Ⅲ	Ⅲ	Ⅲ	Ⅲ	Ⅲ	—	Ⅲ	Ⅲ	—	—	—	—	—	Ⅱ	—	—	—	—	—	—
燕麦畏40%	3	Ⅲ	—	—	—	—	—	—	—	—	—	—	—	—	—	—	—	—	—	—	—	—
利谷隆50%	1.2～3千克	Ⅰ	Ⅲ	Ⅲ	Ⅲ	Ⅲ	Ⅲ	Ⅲ	Ⅲ	Ⅲ	Ⅲ	Ⅲ	Ⅲ	Ⅲ	Ⅰ	Ⅱ	Ⅱ	—	—	—	—	—
赛克津70%	0.5～0.6千克	—	Ⅰ	Ⅰ	Ⅰ	Ⅰ	Ⅲ	Ⅱ	Ⅱ	Ⅱ	Ⅱ	Ⅱ	Ⅱ	Ⅱ	Ⅱ	Ⅱ	Ⅱ	—	Ⅱ	—	—	—
茅毒80%	2.25千克	Ⅰ	Ⅱ	Ⅰ	Ⅰ	Ⅰ	Ⅱ	Ⅱ	Ⅱ	Ⅲ	Ⅱ	Ⅱ	Ⅱ	Ⅱ	Ⅰ	Ⅱ	Ⅱ	—	Ⅱ	—	—	—
苯达松48%	2.5～3	—	—	—	—	—	Ⅲ	Ⅲ	Ⅲ	Ⅲ	Ⅲ	Ⅱ	Ⅲ	Ⅲ	—	Ⅱ	Ⅱ	Ⅱ	Ⅱ	Ⅱ	Ⅰ	—
杂草焚24%	1～1.5	—	—	—	—	—	Ⅲ	Ⅲ	Ⅲ	Ⅲ	Ⅲ	Ⅲ	Ⅲ	Ⅱ	Ⅱ	Ⅱ	Ⅱ	Ⅱ	Ⅱ	Ⅱ	—	—
虎威25%	1～1.5	—	—	—	—	—	Ⅲ	Ⅲ	Ⅲ	Ⅲ	Ⅲ	Ⅱ	Ⅲ	Ⅱ	Ⅱ	Ⅱ	Ⅱ	Ⅱ	Ⅱ	Ⅱ	Ⅱ	Ⅰ
阔叶散75%	10～13	—	—	—	—	—	Ⅲ	Ⅱ	Ⅱ	Ⅱ	Ⅱ	Ⅱ	Ⅱ	Ⅲ	Ⅱ	Ⅱ	Ⅱ	Ⅱ	Ⅱ	Ⅱ	Ⅰ	—
豆磺隆20%	50～75	—	—	—	—	—	Ⅲ	Ⅲ	Ⅲ	Ⅲ	Ⅲ	Ⅲ	Ⅲ	Ⅱ	Ⅱ	Ⅱ	Ⅱ	Ⅱ	Ⅱ	Ⅱ	Ⅱ	Ⅰ
克秀灵44%	2	—	—	—	—	—	Ⅲ	Ⅲ	Ⅲ	Ⅲ	Ⅲ	Ⅲ	Ⅲ	Ⅱ	Ⅱ	Ⅱ	Ⅱ	Ⅱ	Ⅱ	Ⅱ	Ⅱ	Ⅰ
克阔乐24%	0.4～0.5	—	—	—	—	—	Ⅲ	Ⅲ	Ⅲ	Ⅲ	Ⅲ	Ⅲ	Ⅲ	Ⅱ	Ⅱ	Ⅱ	Ⅱ	Ⅱ	Ⅱ	Ⅱ	Ⅱ	—

注：Ⅰ药效好，95%以上；Ⅱ药效较好，90%～95%；Ⅲ有一定药效，80%～90%；—无效，80%以下

主要参考文献

1 郭兆奎．大豆灰斑病研究进展．黑龙江八一垦大学硕士学位论文,1989

2 黄春艳．大豆田、花生田、苜蓿田杂草化学防除．北京:化学工业出版社,2003

3 李济宸．大豆病害及其防治．北京:中国农业出版社,1996

4 李孙荣．杂草及其防治．北京:农业大学出版社,1991

5 刘其若,王守正,李丽丽．油料作物病害及其防治．上海:上海科学技术出版社,1982

6 刘惕若,辛惠普,李庆孝．大豆病虫害．北京:中国农业出版社,1978

7 吕锡祥,尹汝湛,王辅等．农业昆虫学．北京:中国农业出版社,1981

8 马奇祥．农田杂草化学防除图谱．郑州:河南科学技术出版社,2001

9 农业部农药检定所．新编农药手册续集．北京:中国农业出版社,1998

10 苏少泉,宋顺祖．中国农田杂草化学防治．北京:中国农业出版社,1996

11 王险峰．大豆田化学除草技术．北京:中国农业出版社,1985

12 肖文一．农田杂草及防除．北京:中国农业出版社,

1982

13 许志刚,郑小波,李怀方等. 普通植物病理学. 北京:中国农业出版社,2000

14 赵桂芝. 百种新农药使用方法. 北京:中国农业出版社,1997

15 赵善欢,慕立义,谭福杰. 植物化学保护. 北京:中国农业出版社,1998

16 中国农业科学院植物保护研究所主编. 中国农作物病虫害(第二版). 北京:中国农业出版社,1995

金盾版图书，科学实用，
通俗易懂，物美价廉，欢迎选购

棉花虫害防治新技术	4.00元	棉花盲椿象及其防治	10.00元
棉花病虫害诊断与防治		亚麻(胡麻)高产栽培	
原色图谱	22.00元	技术	4.00元
图说棉花无土育苗无载		葛的栽培与葛根的加工	
体裸苗移栽关键技术	10.00元	利用	11.00元
抗虫棉栽培管理技术	5.50元	甘蔗栽培技术	6.00元
怎样种好Bt抗虫棉	4.50元	甜菜甘蔗施肥技术	3.00元
棉花病害防治新技术	5.50元	甜菜生产实用技术问答	8.50元
棉花病虫害防治实用技		烤烟栽培技术	11.00元
术	5.00元	药烟栽培技术	7.50元
棉花规范化高产栽培技		烟草施肥技术	6.00元
术	11.00元	烟草病虫害防治手册	11.00元
棉花良种繁育与成苗技		烟草病虫草害防治彩色	
术	3.00元	图解	19.00元
棉花良种引种指导(修		米粉条生产技术	6.50元
订版)	13.00元	粮食实用加工技术	12.00元
棉花育苗移栽技术	5.00元	植物油脂加工实用技术	15.00元
彩色棉在挑战——中国		橄榄油及油橄榄栽培技	
首次彩色棉研讨会论		术	7.00元
文集	15.00元	甘薯综合加工新技术	5.50元
特色棉花高产优质栽培		发酵食品加工技术	6.50元
技术	11.00元	农家小曲酒酿造实用技	
棉花红麻施肥技术	4.00元	术	8.00元
棉花病虫害及防治原色		蔬菜加工实用技术	10.00元
图册	13.00元	蔬菜加工技术问答	4.00元

　　以上图书由全国各地新华书店经销。凡向本社邮购图书或音像制品，可通过邮局汇款，在汇单"附言"栏填写所购书目，邮购图书均可享受9折优惠。购书30元(按打折后实款计算)以上的免收邮挂费，购书不足30元的按邮局资费标准收取3元挂号费，邮寄费由我社承担。邮购地址：北京市丰台区晓月中路29号，邮政编码：100072，联系人：金友，电话：(010)83210681、83210682、83219215、83219217(传真)。